一流本科专业一流本科课程建设系列教材

热处理原理与工艺

主　编　谈淑咏　皮锦红
副主编　李小平　宋　娟
参　编　吴　萌　翁瑶瑶　孙顺平　朱　彬
　　　　袁　婷　许克清　严　超

机械工业出版社

本书分为热处理原理、热处理工艺与设备、热处理缺陷与质量控制三大部分，包括固态相变、钢在加热时的奥氏体转变、钢的过冷奥氏体转变、珠光体转变、贝氏体转变、马氏体转变、脱溶转变与调幅分解、钢的退火和正火、钢的淬火及回火、表面热处理、化学热处理、其他热处理、热处理工艺设计、热处理设备、热处理缺陷与控制、热处理质量检验等内容。全书力求体现热处理原理、工艺、设备和技术的新进展，注重理论联系实际，突出应用性。

本书可作为材料科学与工程、金属材料工程等专业本科生教材，也可供从事热处理相关工作的工程技术人员参考。

图书在版编目（CIP）数据

热处理原理与工艺 / 谈淑咏，皮锦红主编. -- 北京：机械工业出版社，2024.10. --（一流本科专业一流本科课程建设系列教材）. -- ISBN 978-7-111-76527-1

Ⅰ. TG15

中国国家版本馆 CIP 数据核字第 2024WH6474 号

机械工业出版社（北京市百万庄大街 22 号　邮政编码 100037）
策划编辑：冯春生　　　　　　　责任编辑：冯春生　王　良
责任校对：张爱妮　王　延　　　封面设计：张　静
责任印制：刘　媛
唐山三艺印务有限公司印刷
2024 年 12 月第 1 版第 1 次印刷
184mm×260mm · 19.5 印张 · 477 千字
标准书号：ISBN 978-7-111-76527-1
定价：65.00 元

电话服务　　　　　　　　　网络服务
客服电话：010-88361066　　机　工　官　网：www.cmpbook.com
　　　　　010-88379833　　机　工　官　博：weibo.com/cmp1952
　　　　　010-68326294　　金　书　网：www.golden-book.com
封底无防伪标均为盗版　　　机工教育服务网：www.cmpedu.com

前　言

"热处理原理与工艺"是材料科学与工程、金属材料工程等专业的专业基础课,也是核心课。作为该课程的配套教材,本书特点如下:

(1) 体现新　随着现代科学技术和工业生产的迅速发展,新理论、新技术、新工艺、新设备、新材料不断涌现,业界对固态相变理论的理解更为深入,传统的热处理工艺、设备和技术得到了持续的发展。因此,本书在阐明热处理的基本原理和常规热处理工艺的前提下,力求体现热处理原理、工艺、设备和技术的新进展。

(2) 突出应用性　应用型本科院校已成为我国高等教育的中坚力量,以培养基础扎实、知识面宽、应用能力强、综合素质高的高级专门应用型人才为目标,主要面向地方、面向行业、面向企业培养本科应用型人才。为符合应用型本科院校的教学需求,本书在注重知识的系统性、完整性和科学性的同时,注重理论联系实际,增加运用知识解决实际问题的典型案例,突出应用性。

(3) 内容更丰富　各高校根据自身定位和人才培养模式制定人才培养方案,导致"热处理原理与工艺"课程内涵不同,即热处理原理、工艺与设计、设备等各有侧重,从而产生一门课程选用多本教材或一本教材选讲较少内容的现象。在调研多家高校的基础上,本书以热处理原理与工艺为基础,增加热处理设备、热处理缺陷与质量控制、热处理实例分析等内容,体系完整,重点突出,满足多种形式教学需求,且在叙述上力求简洁流畅,便于教和学。

(4) 融入思政元素　高等教育承担着"为党育人,为国育才"的重要任务,以"课程思政"为载体,培养学生的爱国主义情怀,对学生树立正确的人生观、价值观、世界观具有极为重要的意义。因此,本书注重思政元素的有机融入,为任课教师提供抓手。

(5) 结合工程伦理教育　随着工程对社会、自然影响的不断加大,工程实践中的伦理问题日益突出,工程伦理教育受到高度关注,培养工科学生的"责任感、伦理意识和工程管理能力"已成为工程教育的共识。因此,本书将工程伦理知识与专业知识相互结合,科学合理地设计教材内容。

本书内容共分三部分,即热处理原理、热处理工艺与设备、热处理缺陷与质量控制。其中,热处理原理包括固态相变、钢在加热时的奥氏体转变、钢的过冷奥氏体转变、珠光体转变、贝氏体转变、马氏体转变、脱溶转变与调幅分解;热处理工艺与设备包括钢的退火和正火、钢的淬火及回火、表面热处理、化学热处理、其他热处理、热处理工艺设计、热处理设备;热处理缺陷与质量控制包括热处理缺陷与控制、热处理质量检验。

本书的编写分工如下:南京工程学院谈淑咏编写绪论、第 1 章及第 13 章中的 13.5 节和

13.6 节，皮锦红编写第 2、3 章，吴萌编写第 4、5 章及第 13 章中的 13.9 节，翁瑶瑶编写第 6、7 章，谈淑咏和翁瑶瑶共同编写第 13 章中的 13.7 节；江苏理工学院李小平、孙顺平、朱彬编写第 8~12 章及第 13 章中的 13.1~13.4 节和 13.8 节；盐城工学院宋娟、牛力士轴承（盐城）有限公司许克清、严超共同编写第 14 章、第 13 章中 13.3、13.4 节中的热处理实例以及第 15 章中的 15.6.2 节；常熟理工学院袁婷编写第 15、16 章。全书由谈淑咏和皮锦红统稿。

本书的编写参阅了部分国内外相关教材、科技著作及论文内容，在此向参阅文献资料的作者表示衷心的感谢！

由于编者水平有限，书中不妥和错误之处在所难免，恳请广大读者批评指正。

编　者

目 录

前言

绪论 ··· 1

第 1 部分　热处理原理

第 1 章　固态相变 ························· 5
1.1　固态相变分类 ························· 5
  1.1.1　按平衡状态分类 ············· 5
  1.1.2　按热力学分类 ··············· 7
  1.1.3　按原子的迁移特征分类 ··· 8
  1.1.4　按形核特点分类 ············· 9
1.2　固态相变特征 ························· 9
1.3　固态相变过程 ······················· 12
  1.3.1　固态相变中的形核 ······· 12
  1.3.2　固态相变中的晶核长大 ··· 13
1.4　固态相变动力学 ··················· 15
习题 ·· 16

第 2 章　钢在加热时的奥氏体转变 ··· 17
2.1　奥氏体的基本性质 ················ 17
2.2　奥氏体的形成机理 ················ 18
  2.2.1　珠光体向奥氏体转变的基本过程 ······························ 19
  2.2.2　马氏体向奥氏体的转变 ··· 21
2.3　奥氏体的形成动力学 ············ 22
  2.3.1　奥氏体等温形成动力学 ··· 22
  2.3.2　连续加热时奥氏体形成动力学 ······························ 23
  2.3.3　影响奥氏体形成速率的因素 ······························ 23
2.4　奥氏体晶粒的长大及其控制 ··· 25
  2.4.1　晶粒大小对钢力学性能的影响 ······························ 25
  2.4.2　奥氏体晶粒度 ··············· 26
  2.4.3　奥氏体晶粒长大原理 ····· 26
  2.4.4　影响奥氏体晶粒长大的因素 ······························ 27
  2.4.5　奥氏体晶粒大小的控制 ··· 28
习题 ·· 29

第 3 章　钢的过冷奥氏体转变 ········ 30
3.1　钢的冷却转变概述 ················ 30
3.2　过冷奥氏体的等温转变 ········· 30
  3.2.1　IT 图概述 ····················· 30
  3.2.2　IT 图的建立 ················· 31
  3.2.3　影响 IT 图的因素 ········· 32
  3.2.4　IT 图的基本形式 ·········· 34
3.3　过冷奥氏体的连续冷却转变 ··· 35
  3.3.1　CT 图概述 ···················· 35
  3.3.2　CT 图的建立 ················ 35
  3.3.3　CT 图的分析 ················ 36
3.4　过冷奥氏体转变图的比较和应用 ··· 38
  3.4.1　IT 图与 CT 图的比较 ···· 38
  3.4.2　IT 图与 CT 图的应用 ···· 38
习题 ·· 42

第 4 章　珠光体转变 ····················· 43
4.1　珠光体的定义和组织形貌 ····· 43
  4.1.1　珠光体的定义 ··············· 43
  4.1.2　珠光体的组织形貌 ······· 44
4.2　珠光体转变机理 ··················· 45
  4.2.1　珠光体的形成机制 ······· 45
  4.2.2　亚（过）共析钢的先共析转变和

珠光体转变 …………………… 48
　4.2.3　魏氏组织 ………………………… 50
　4.2.4　伪共析和离异共析 ……………… 51
4.3　珠光体的力学性能 ……………………… 52
　4.3.1　共析钢的力学性能 ……………… 52
　4.3.2　亚（过）共析钢的力学性能 …… 53
4.4　珠光体转变热力学与转变动力学 ……… 54
　4.4.1　珠光体转变热力学 ……………… 54
　4.4.2　珠光体转变动力学 ……………… 55
　4.4.3　影响珠光体转变的因素 ………… 57
4.5　奥氏体中析出的碳（氮）化物和相间
　　　沉淀 …………………………………… 58
习题 ……………………………………………… 59

第5章　贝氏体转变 …………………………… 61
5.1　贝氏体的定义和组织形貌 ……………… 61
　5.1.1　贝氏体的定义 …………………… 61
　5.1.2　贝氏体的分类 …………………… 61
　5.1.3　贝氏体的组织形貌 ……………… 62
5.2　贝氏体的力学性能 ……………………… 64
　5.2.1　影响贝氏体力学性能的因素 …… 65
　5.2.2　贝氏体组织的应用 ……………… 66
5.3　贝氏体转变机理 ………………………… 68
　5.3.1　贝氏体转变的切变理论 ………… 68
　5.3.2　贝氏体转变的台阶-扩散理论 …… 70
　5.3.3　贝氏体转变动力学 ……………… 71
　5.3.4　影响贝氏体转变的因素 ………… 73

习题 ……………………………………………… 75

第6章　马氏体转变 …………………………… 76
6.1　钢中马氏体的晶体结构和组织形态 …… 76
　6.1.1　马氏体的晶体结构 ……………… 76
　6.1.2　马氏体的组织形态 ……………… 77
6.2　马氏体转变的特征 ……………………… 80
6.3　马氏体的力学性能 ……………………… 83
6.4　马氏体转变热力学与转变动力学 ……… 84
　6.4.1　马氏体转变热力学 ……………… 84
　6.4.2　影响 M_s 点的因素 ……………… 85
　6.4.3　马氏体转变动力学 ……………… 86
习题 ……………………………………………… 88

第7章　脱溶转变与调幅分解 ………………… 89
7.1　脱溶与时效 ……………………………… 89
　7.1.1　固溶和时效处理 ………………… 89
　7.1.2　Al-Cu 合金的时效过程 ………… 90
　7.1.3　影响时效过程及材料性能的
　　　　　因素 ………………………………… 93
　7.1.4　固溶处理及时效规程 …………… 95
7.2　调幅分解 ………………………………… 97
　7.2.1　调幅分解的热力学条件 ………… 97
　7.2.2　调幅分解的过程 ………………… 98
　7.2.3　调幅分解的组织与性能 ………… 99
习题 ……………………………………………… 100

第2部分　热处理工艺与设备

第8章　钢的退火和正火 ……………………… 102
8.1　钢的退火 ………………………………… 102
　8.1.1　扩散退火 ………………………… 102
　8.1.2　完全退火 ………………………… 103
　8.1.3　不完全退火 ……………………… 104
　8.1.4　球化退火 ………………………… 105
　8.1.5　再结晶退火 ……………………… 106
　8.1.6　去应力退火 ……………………… 107
8.2　钢的正火 ………………………………… 107
8.3　退火和正火的选择 ……………………… 108
习题 ……………………………………………… 109

第9章　钢的淬火及回火 ……………………… 110
9.1　钢的淬火 ………………………………… 110
9.2　淬火冷却介质 …………………………… 110
　9.2.1　理想的淬火冷却介质 …………… 111
　9.2.2　淬火冷却介质的冷却作用 ……… 111
　9.2.3　常用淬火冷却介质及其冷却
　　　　　特性 ………………………………… 112
9.3　钢的淬透性 ……………………………… 116
　9.3.1　淬透性与淬硬性的概念 ………… 116
　9.3.2　影响钢淬透性的因素 …………… 116
　9.3.3　淬透性的测定方法 ……………… 117
　9.3.4　淬透性的应用 …………………… 119
9.4　淬火应力、变形及开裂 ………………… 120
　9.4.1　淬火应力 ………………………… 121

9.4.2　淬火变形 …………………… 124
　　9.4.3　淬火开裂 …………………… 126
9.5　淬火工艺 ………………………… 129
　　9.5.1　淬火加热规范的确定 ……… 129
　　9.5.2　淬火冷却介质及冷却方式的
　　　　　 确定 …………………………… 131
　　9.5.3　淬火方法的选择 …………… 131
9.6　钢的回火 ………………………… 133
　　9.6.1　回火的定义与目的 ………… 133
　　9.6.2　回火的分类及应用 ………… 133
　　9.6.3　钢的回火脆性 ……………… 136
　　9.6.4　回火工艺的制定 …………… 138
9.7　淬火工艺的新发展 ……………… 140
　　9.7.1　奥氏体晶粒的超细化处理 … 141
　　9.7.2　碳化物的超细化处理 ……… 141
　　9.7.3　控制马氏体、贝氏体组织形态
　　　　　 及其组成的淬火 …………… 142
　　9.7.4　使钢中保留适当数量塑性第二
　　　　　 相的淬火 …………………… 142
习题 …………………………………… 143

第10章　表面热处理 ……………… 144
10.1　表面淬火工艺概述 ……………… 144
　　10.1.1　表面淬火的目的及应用 …… 144
　　10.1.2　表面淬火原理 ……………… 145
10.2　火焰淬火 ………………………… 148
　　10.2.1　火焰的组成及其特性 ……… 148
　　10.2.2　火焰淬火方法 ……………… 149
　　10.2.3　火焰淬火工艺 ……………… 149
10.3　感应淬火 ………………………… 150
　　10.3.1　感应加热原理 ……………… 150
　　10.3.2　感应淬火工艺 ……………… 151
　　10.3.3　感应淬火的特点及应用 …… 151
10.4　高能束淬火 ……………………… 152
　　10.4.1　脉冲淬火 …………………… 153
　　10.4.2　激光淬火 …………………… 153
　　10.4.3　电子束淬火 ………………… 154
习题 …………………………………… 155

第11章　化学热处理 ……………… 156
11.1　化学热处理的一般过程 ………… 156
11.2　钢的渗碳 ………………………… 158
　　11.2.1　渗碳方式 …………………… 158

　　11.2.2　渗碳工艺制定 ……………… 160
　　11.2.3　渗碳后的热处理 …………… 161
　　11.2.4　渗碳工件的性能 …………… 163
11.3　钢的渗氮 ………………………… 163
　　11.3.1　钢的渗氮过程 ……………… 164
　　11.3.2　渗氮层的组织和性能 ……… 164
　　11.3.3　渗氮用钢及其预处理 ……… 165
　　11.3.4　渗氮工艺控制 ……………… 167
11.4　钢的碳氮共渗 …………………… 169
11.5　钢的渗硼 ………………………… 169
11.6　离子化学热处理 ………………… 170
习题 …………………………………… 171

第12章　其他热处理 ……………… 172
12.1　真空热处理 ……………………… 172
　　12.1.1　真空热处理的特点 ………… 172
　　12.1.2　钢的真空退火、淬火及回火 … 173
　　12.1.3　钢的真空渗碳、渗氮 ……… 174
12.2　形变热处理 ……………………… 175
　　12.2.1　形变在热处理中的作用 …… 175
　　12.2.2　形变热处理的分类 ………… 176
习题 …………………………………… 180

第13章　热处理工艺设计 ………… 181
13.1　钢的分类和编号 ………………… 181
　　13.1.1　钢的分类 …………………… 181
　　13.1.2　钢的编号 …………………… 182
　　13.1.3　合金元素在钢中的作用 …… 183
13.2　工程结构用钢的热处理 ………… 185
13.3　机器零件用钢的热处理 ………… 186
　　13.3.1　渗碳钢的热处理及实例分析 … 186
　　13.3.2　调质钢的热处理及实例分析 … 188
　　13.3.3　弹簧钢的热处理及实例分析 … 190
　　13.3.4　滚动轴承钢的热处理及实例
　　　　　　分析 …………………………… 192
13.4　工具钢的热处理 ………………… 193
　　13.4.1　工具钢概述 ………………… 193
　　13.4.2　高速钢的热处理工艺分析 … 194
　　13.4.3　模具钢的热处理及实例分析 … 195
13.5　特殊性能钢的热处理 …………… 197
13.6　铸铁的热处理 …………………… 198
　　13.6.1　铸铁的分类 ………………… 198
　　13.6.2　常用铸铁的热处理 ………… 198

13.7 有色金属及合金的热处理 ………… 201
  13.7.1 铝及铝合金 ………………… 201
  13.7.2 钛及钛合金 ………………… 203
  13.7.3 铜及铜合金 ………………… 204
  13.7.4 镁及镁合金 ………………… 205
13.8 热处理数值模拟技术 ……………… 206
  13.8.1 热处理数值模拟技术的发展
       历程 ………………………… 206
  13.8.2 热处理模拟基本方法 ……… 207
  13.8.3 热处理模拟应用实例 ……… 208
13.9 材料基本规律获得过程举例 ……… 211
习题 …………………………………… 214

第14章 热处理设备 …………………… 215
14.1 筑炉材料 …………………………… 215
  14.1.1 耐火材料 …………………… 216
  14.1.2 保温材料 …………………… 216
  14.1.3 炉用金属材料 ……………… 217
14.2 热处理电阻炉 ……………………… 217
  14.2.1 电热元件的选择 …………… 218
  14.2.2 常用电阻炉 ………………… 218

14.3 可控气氛热处理炉 ………………… 224
  14.3.1 可控气氛热处理炉的特点 … 224
  14.3.2 可控气氛热处理炉的类型 … 225
14.4 真空热处理炉 ……………………… 226
  14.4.1 真空热处理炉的电热元件和
       炉衬 ………………………… 226
  14.4.2 真空热处理炉的基本类型 … 228
14.5 热处理浴炉和流动粒子炉 ………… 231
  14.5.1 内热式浴炉 ………………… 231
  14.5.2 外热式浴炉 ………………… 232
  14.5.3 流动粒子炉 ………………… 232
14.6 感应热处理设备 …………………… 233
14.7 热处理冷却设备 …………………… 238
  14.7.1 普通淬火槽 ………………… 239
  14.7.2 周期作业机械化淬火槽 …… 240
  14.7.3 连续作业机械化淬火槽 …… 241
  14.7.4 淬火机和淬火压床 ………… 242
  14.7.5 喷射式淬火装置 …………… 243
  14.7.6 校正与校直设备 …………… 244
习题 …………………………………… 245

第3部分 热处理缺陷与质量控制

第15章 热处理缺陷与控制 …………… 247
15.1 热处理缺陷的分类 ………………… 247
  15.1.1 按热处理缺陷表现形式分类 … 247
  15.1.2 按热处理工艺类别分类 …… 248
  15.1.3 按热处理缺陷产生原因分类 … 248
15.2 加热过程中产生的缺陷与控制 …… 249
  15.2.1 氧化和脱碳 ………………… 250
  15.2.2 过热和过烧 ………………… 253
  15.2.3 加热不当引起的裂纹 ……… 254
15.3 退火、正火缺陷与控制 …………… 255
  15.3.1 黑脆 ………………………… 255
  15.3.2 粗大魏氏组织 ……………… 255
  15.3.3 反常组织 …………………… 255
  15.3.4 网状组织 …………………… 256
  15.3.5 球化不均匀 ………………… 256
  15.3.6 硬度过高 …………………… 256
  15.3.7 退火、正火缺陷实例分析 … 257
15.4 淬火缺陷与控制 …………………… 258
  15.4.1 淬火变形和裂纹 …………… 258

  15.4.2 淬火过程中产生的其他缺陷 …… 260
  15.4.3 淬火缺陷实例分析 ………… 262
15.5 回火过程中产生的热处理缺陷与
     控制 …………………………………… 264
  15.5.1 回火脆性 …………………… 264
  15.5.2 回火裂纹 …………………… 264
  15.5.3 回火硬度不合格 …………… 265
  15.5.4 回火变形 …………………… 265
  15.5.5 回火缺陷实例分析 ………… 265
15.6 感应热处理过程中产生的热处理
     缺陷与控制 ……………………… 266
  15.6.1 常见感应热处理缺陷 ……… 266
  15.6.2 感应热处理缺陷实例分析 … 267
15.7 化学热处理过程中产生的热处理
     缺陷与控制 ……………………… 271
  15.7.1 渗碳热处理缺陷 …………… 271
  15.7.2 渗氮热处理缺陷 …………… 274
  15.7.3 碳氮共渗热处理缺陷 ……… 276
  15.7.4 化学热处理缺陷实例分析 … 277

习题 ·················· 284

第16章 热处理质量检验 ·········· 285
16.1 常见热处理质量检验方法 ······ 285
16.1.1 硬度试验 ·············· 285
16.1.2 其他力学性能试验 ······ 287
16.1.3 显微组织检验 ·········· 289
16.1.4 化学成分分析 ·········· 290
16.1.5 无损检测 ·············· 292
16.2 热处理件的质量检验 ·········· 292
16.2.1 正火、退火件的质量检验 ········ 292
16.2.2 淬火、回火件的质量检验 ········ 293
16.2.3 感应淬火件的质量检验 ·········· 294
16.2.4 渗碳和碳氮共渗件的质量检验 ·············· 295
16.2.5 渗氮及氮碳共渗件的质量检验 ·············· 296

习题 ·················· 298

参考文献 ·················· 299

绪论

1　热处理的概念

金属热处理是将金属在固态下加热到适宜的温度，保温一定时间后，以一定速率冷却到室温的一种热加工工艺。其目的是改变金属内部的显微组织或金属表面的化学成分，以改善其性能。热处理是提高工件性能，保证产品质量，改善加工工艺条件，发挥材料潜力和节约原材料的重要途径。

金属热处理一般包括加热、保温、冷却三个过程。加热是热处理的重要工序之一，选择合适的加热温度，合理控制加热速度，是保证热处理质量的关键。加热温度随热处理目的的不同而异，一般都是加热到相变温度以上以获得高温组织。保温的目的是使金属工件表面和心部都达到要求的加热温度，都实现显微组织转变。当采用高的能量密度加热和表面热处理时，加热速度极快，一般就没有保温时间，而化学热处理的保温时间往往都较长。冷却是热处理必不可少的步骤，因为冷却后获得的组织直接决定工件的性能。冷却方法因工艺不同而不同，主要是控制冷却速率。

2　热处理的分类

热处理的分类方法很多，一般根据热处理工艺在零件生产工艺流程中的位置和作用不同分为预备热处理和最终热处理。预备热处理常在最终热处理之前进行，其作用在于改善工件的工艺加工性能或为后续热处理做好组织性能准备。最终热处理就是为了获得工件最终使用状态所需性能的热处理。

热处理还可根据其目的、要求和工艺方法的不同分为整体热处理、表面热处理、化学热处理以及其他热处理。

（1）**整体热处理**　整体热处理是对工件整体加热，保温后以适当的速率冷却，以改变整体组织和性能的热处理，常见的有退火、正火、淬火和回火。一般退火的冷却速率最慢，正火的冷却速率较快，淬火的冷却速率最快。退火和正火常用于各类铸、锻、焊件，以便消除冶金及热加工过程中产生的缺陷，并为后续的机械加工和热处理做好准备，即通常作为预备热处理。退火和正火也可作为最终热处理，如灰铸铁的石墨化退火以及用于受力不大、性能要求不高工件的正火。淬火的目的主要是提高工件的强度、硬度、耐磨性等，从而满足工件的不同使用性能要求。但淬火后获得的组织不稳定，性能硬而脆且内应力较大，因此一般还需回火后使用。

(2) **表面热处理** 表面热处理是指仅对工件表层进行热处理，以改变工件表层组织和性能。其中仅对工件表层进行淬火的表面淬火工艺是常用的表面热处理。为了只加热工件表层而不使过多热量传入工件内部，使用的热源需具有高的能量密度，能使工件表层短时或瞬时达到高温。

(3) **化学热处理** 化学热处理是改变工件表层化学成分，从而改变工件表层组织结构和性能的热处理。与表面热处理不同的是，化学热处理后的工件表层不仅有组织的变化，也有化学成分的变化。

(4) **其他热处理** 其他热处理主要指可控气氛热处理、真空热处理、形变热处理等。

3 热处理的发展历程

铜及其合金容易发生加工硬化，需要通过再结晶退火处理使其软化，以便于后续加工，因此，退火应该是人类进行金属热处理的开端，随后被广泛应用于制造兵器和生活器具。早在 3000 多年以前，人类就开始使用陨石这一"天赐"金属（属高铁镍合金），运用退火或锻造工艺制造刀具或小件物品，这是人类最早的钢铁热处理。我国在商周遗址中共发现七件陨铁制品有锻造或退火加工的痕迹。也正是因为退火的应用，使我国商代就拥有金箔。

固体渗碳是将工件埋入固体渗碳物质中进行处理的工艺技术，它是最古老的热处理技术之一。固体渗碳钢可以制作更加锋利、细长的兵器，是换代的兵器材料。我国固体渗碳处理大约开始于春秋时期。西汉中山靖王墓中出土的宝剑，其心部碳含量为 0.15%～0.40%（质量分数），表面碳含量却达到 0.60%（质量分数）以上，说明采用了渗碳工艺。

公元前 6 世纪，钢铁兵器逐渐被采用，为了提高钢的硬度，淬火工艺得到迅速发展。我国河北易县出土的两把剑和一把戟，其显微组织中都有马氏体存在，说明使用了淬火工艺。随着淬火技术的发展，人们逐渐发现淬火冷却介质对淬火质量有重要影响。三国时期的蒲元明确指出水质对淬火的影响，成语"蒲元识水"由此而来。南北朝时期的綦毋怀文对淬火技术也有重要贡献。《北史·艺术列传》中记载"怀文造宿铁刀，其法，烧生铁精以重柔铤，数宿则成刚。以柔铁为刀脊，浴以五牲之溺，淬以五牲之脂，斩甲过三十札"，讲述怀文在制作"宿铁刀"时使用了动物尿和动物油脂作为冷却介质。动物尿中含有盐分，冷却速率比水快，淬火后的钢比用水淬火的钢坚硬。动物油脂冷却速率比水慢，淬火后的钢比用水淬火的钢有韧性。这是对钢铁淬火工艺的重大改进。

大约于公元前 5 世纪，为了克服白口铸铁的脆性，我国工匠发明了适用于铸铁柔化处理的退火技术，这是我国古代热处理的一项举世瞩目的成就。在河南洛阳战国早期灰坑出土的铁锛，其内部组织为莱氏体，表面有约 1mm 左右厚度的珠光体层，珠光体层的存在使白口铸铁具有韧性，很明显这是通过退火得到的组织。与铁锛同坑出土的铁件中，还发现了比较完善的团絮状退火石墨，而欧洲同类型的可锻铸铁出现在 1720 年之后。

明清时期，我国在淬火火候控制上进一步得到发展。明代宋应星《天工开物》中记载"以已健钢錾划成纵斜文理，划时斜向入，则纹方成焰。划后烧红，退微冷，入水健"，其中"退微冷"就是预冷淬火工艺。文中还记载"熟铁锻成,熔化生铁淋口,入水淬健,即成刚劲",就是采用液体渗碳法使锄具表面成为高碳钢,经淬火获得马氏体而强化。"南有张小泉,北有王麻子",他们都是刀剪行业的中华老字号,在长期实践中总结了刀剪的制作工艺技巧,生产的刃具坚韧、耐用,闻名海内外。

由于工业基础的薄弱以及战争中的破坏,我国热处理行业在20世纪40年代还处于作坊式生产,热处理作为"家传技艺"发展缓慢。20世纪50年代起,我国在人才培养、研究与开发、生产技术的革新和设备制造等方面初步形成了较完整的专业体系,柯俊、徐祖耀、康沫狂、俞德刚等老一辈学者为此做出了卓越的贡献。20世纪80年代后,我国热处理生产技术和水平得到了快速发展。

《中国热处理行业"十四五"发展规划》中提出"2035年设想":初步实现热处理产业基础高级化;实现热处理产业链现代化;质量提升与国际先进水平对标达标;建设国家级的热处理基础工艺研究、新型装备研发、重大科技成果工程化的研发中心及技术创新和推广应用的技术服务平台,建立热处理基础数据库和金相组织图谱库,实现网络化服务功能,支撑我国热处理智能制造发展;规模以上企业热处理综合平均能耗降到 $300kW \cdot h/t$ 以下,万元产值电耗降到 $2000kW \cdot h$ 以下,热处理燃料炉比重达到50%,热处理单位水耗达到 $0.2m^3/t$ 以下,热处理生产污染物零排放。

4 本课程的性质和目的

"热处理原理与工艺"课程是在工业实践基础上发展起来的一门专业课程,主要讲授热处理原理、热处理工艺与设备、热处理缺陷与质量控制。课程内容具有较强的工程实用性,是材料科学与工程、金属材料工程等专业学生的必修课,在材料研究、工业生产和应用方面具有非常重要的作用。

本课程的目的为:

1)掌握固态相变的主要类型、特点和影响因素,掌握珠光体转变、贝氏体转变、马氏体转变、脱溶转变与调幅分解过程以及产物的典型组织形态和性能,了解钢的热处理过程中组织转变机理。

2)了解过冷奥氏体转变图的测试原理,掌握过冷奥氏体等温转变和连续转变的动力学曲线及影响因素。

3)掌握退火、正火、淬火及回火的基本工艺,熟悉钢的表面热处理、化学热处理等工艺的特点,了解新工艺,理解热处理对材料组织、性能和工程应用的意义。

4)掌握热处理工艺设计方法,初步具备根据零件性能要求进行热处理工艺设计的能力,以及分析和解决热处理实际工程问题的能力。

5)了解热处理设备所用材料及设备的结构、特点、工作原理及应用,初步具备热处理设备选用能力。

6)掌握常见热处理缺陷及其预防、控制和补救措施,了解各种热处理质量检验方法,能够分析热处理缺陷产生的原因并提出改进措施。

第1部分　热处理原理

　　热处理可以改变金属的性能，其根本原因是固态金属在温度和压力发生改变时，化学成分、相结构或有序化程度会发生变化，这种变化统称为金属固态相变，也就是说，有固态相变发生的金属才能进行热处理。相变过程中新生成的相称为新相，产生新相的相称为母相或旧相。

　　金属固态相变是金属热处理的理论基础，掌握金属固态相变的原理与规律，就可以采取各种热处理工艺控制金属固态相变过程，获得预期的组织结构和所需性能，从而最大限度地发挥现有金属材料的潜力；反过来，也可以根据性能要求开发新材料。

第1章 固态相变

1.1 固态相变分类

金属固态相变过程中,往往发生成分、晶体结构、组织形貌和性能的变化,若不产生成分、晶体结构的变化,只发生组织形貌的变化,则不属于相变,如金属的形变和再结晶过程。

金属固态相变按平衡状态分为平衡相变和非平衡相变,按热力学分为一级相变和二级相变,按原子的迁移特征分为扩散型相变、半扩散型相变和无扩散型相变,按形核特点分为有核相变和无核相变等。

1.1.1 按平衡状态分类

根据金属材料的平衡相图,可将固态相变分为平衡相变和非平衡相变。

1. 平衡相变

平衡相变是指在缓慢加热或冷却时发生的能获得平衡相图中平衡组织的相变。金属在固态下发生的平衡相变主要有以下几种:

(1) 纯金属的同素异构转变　纯金属在温度和压力改变时,由一种晶体结构转变为另一种晶体结构的过程称为同素异构转变。如纯铁在1538℃时凝固为体心立方的δ-Fe,继续冷却至1394℃时转变为面心立方的γ-Fe,然后在912℃又转变为体心立方的α-Fe。锰、钛、钴等金属也具有同素异构转变的特性。

(2) 固溶体的多型性转变　纯金属中溶入溶质元素形成固溶体,固溶体的同素异构转变称为多型性转变。如钢在加热时铁素体向奥氏体的转变及冷却时奥氏体向铁素体的转变都属于多型性转变。

(3) 共析转变　合金在冷却时由一个固相分解为两个不同固相的转变称为共析转变,可以用反应式 $\gamma \rightarrow \alpha + \beta$ 表示。共析转变生成的两个相的成分和结构都与反应相不同。如钢中的珠光体转变就是冷却时由奥氏体同时分解为铁素体和渗碳体的共析转变。

(4) 包析转变　合金在冷却时由两个固相合并为一个固相的转变称为包析转变,可以用反应式 $\alpha + \beta \rightarrow \gamma$ 表示。如 Fe-B 系合金在910℃发生 $\gamma + Fe_2B \rightarrow \alpha$ 的包析转变。

(5) 平衡脱溶沉淀　固溶体在高温固溶了一定量的合金元素后,在缓慢冷却的条件下,由于固溶体溶解度下降,从固溶体中析出新相的过程称为平衡脱溶沉淀。其特点是:新相的成分和结构始终与母相不同;随着新相的析出,母相的成分和所占体积分数不断变化,但母相晶体结构不变；母相不消失，转变过程中新相、母相共存。如钢中奥氏体析出二次渗碳体、铁素体析出三次渗碳体的过程都属于平衡脱溶沉淀。需要指出的是，钢中奥氏体析出铁素体的过程既可以称为平衡脱溶沉淀，也可以称为多型性转变。

（6）调幅分解　合金在较高温度下为一个均匀的单相固溶体，冷却到某一温度范围时，可分解为组织结构与母相相同、成分却明显不同的两个固溶体相的过程称为调幅分解，可以用反应式 $\alpha \rightarrow \alpha_1 + \alpha_2$ 表示。调幅分解的特点是溶质由低浓度区向高浓度区扩散，即通过上坡扩散由单相均匀固溶体变成两相不均匀固溶体，固溶体的结构一般不变化。

（7）有序化转变　固溶体（包括以中间相为基的固溶体）中各组元原子在晶体点阵中的相对位置由无序到有序（指长程有序）的转变称为有序化转变。如 Fe-Al 系合金中，含 13.9%~20%（质量分数）Al 的 Fe-Al 合金从 700℃ 以上的无序 α 相缓冷转变为有序固溶体 Fe_3Al。

2. 非平衡相变

固态金属在快速加热或冷却时，平衡相变来不及发生而受到抑制，从而发生某些平衡相图上不能反映的非平衡相变，得到非平衡（亚稳）组织。非平衡相变虽不能用平衡相图标识，但也与之密切相关。固态金属非平衡相变主要有以下几种：

（1）非平衡脱溶沉淀　与平衡脱溶沉淀不同，固溶体在高温时固溶了一定量的合金元素后，快冷时固溶体中来不及析出新相，一直冷却到较低温度下得到过饱和固溶体。这种过饱和固溶体在室温或加热到其溶解度曲线以下温度时析出新相的过程称为非平衡脱溶沉淀。非平衡脱溶沉淀形成的新相成分和结构与平衡脱溶沉淀不同，一般都更为细小、弥散，对增强合金性能具有重要作用。如淬火钢在回火时，从碳原子过饱和的马氏体中析出 ε 相（$Fe_{2.4}C$）即为不平衡脱溶沉淀过程。

（2）伪共析转变　以 Fe-C 合金为例，当非共析成分的奥氏体（γ）快冷到 GS 和 ES 的延长线以下时，如图 1-1 阴影区所示，将同时析出铁素体（α）和渗碳体（Fe_3C），称为伪共析转变。此时无论是亚共析钢还是过共析钢都可以获得单一的珠光体组织。伪共析转变的产物虽与共析转变相同，但这种珠光体中铁素体和渗碳体的比例与平衡共析转变得到的珠光体不同，因此称为伪珠光体。其中，亚共析钢冷却得到的伪珠光体中铁素体含量较多，过共析钢冷却得到的伪珠光体中渗碳体含量较多。

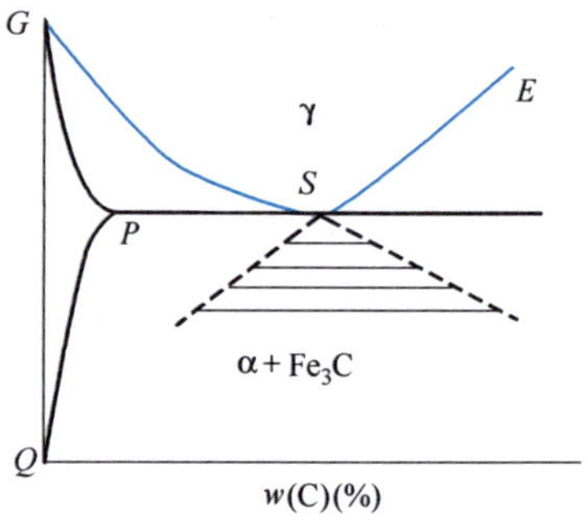

图 1-1　钢中的伪共析转变（局部示意图）

（3）马氏体转变　以 Fe-C 合金为例，将奥氏体以更快的冷却速率冷却，使伪共析转变也来不及进行，即奥氏体过冷到了更低的温度，此时铁原子和碳原子都难以扩散，奥氏体只能以不发生原子扩散、不引起成分改变的方式，通过切变由面心立方转变为体心正方，得到马氏体组织，称为马氏体转变。广义上来讲，凡是具有马氏体转变特征的转变都称为马氏体转变，其转变产物都称为马氏体。在铜合金、钛合金以及非金属材料中都可能发生马氏体转变。

（4）贝氏体转变　以 Fe-C 合金为例，当奥氏体过冷到珠光体转变和马氏体转变温度之间时，由于温度较低，铁原子已不能扩散，但碳原子尚具有一定的扩散能力，因此奥氏体将发生不同于珠光体转变和马氏体转变的另一种非平衡相变，称为贝氏体转变。其转变产物称为贝氏体，也是铁素体和渗碳体的混合物，但其形态和分布与珠光体不同。

(5) **块状转变** 在一定的冷却速率（小于马氏体转变需要的冷却速率）下，母相通过块状转变的机制转变为成分相同但晶体结构不同的块状新相，称为块状转变。块状转变时，母相与新相的交界面处原子进行热激活跃迁位移，转变产物呈块状或条片状。虽然块状转变的新相和母相成分相同，但块状转变与马氏体转变不同，块状新相不是过饱和相，其形态和亚结构都不同于马氏体。低碳钢中的奥氏体可以通过块状转变转变为铁素体，在纯铁、Cu-Zn等金属中也发现了块状转变。

1.1.2 按热力学分类

根据相变前后热力学函数的变化，可将固态相变分为一级相变和二级相变。

1. 一级相变

相变时，母相和新相的化学势相等，但化学势的一级偏微商不等时，称为一级相变。设母相为α，新相为β，化学势、温度和压力分别用 μ、T 和 p 表示，则一级相变发生时：

$$\mu_\alpha = \mu_\beta$$

$$\left(\frac{\partial \mu_\alpha}{\partial T}\right)_p \neq \left(\frac{\partial \mu_\beta}{\partial T}\right)_p$$

$$\left(\frac{\partial \mu_\alpha}{\partial p}\right)_T \neq \left(\frac{\partial \mu_\beta}{\partial p}\right)_T$$

由于

$$\left(\frac{\partial \mu}{\partial T}\right)_p = -S$$

$$\left(\frac{\partial \mu}{\partial p}\right)_T = V$$

因此

$$S_\alpha \neq S_\beta$$
$$V_\alpha \neq V_\beta$$

也就是说，在一级相变时，熵 S 和体积 V 将发生不连续变化，即一级相变有相变潜热和体积改变。除部分有序化转变外，金属固态相变均属一级相变。

2. 二级相变

相变时，母相和新相的化学势相等，化学势的一级偏微商也相等，但化学势的二级偏微商不等时，称为二级相变。此时：

$$\mu_\alpha = \mu_\beta$$

$$\left(\frac{\partial \mu_\alpha}{\partial T}\right)_p = \left(\frac{\partial \mu_\beta}{\partial T}\right)_p$$

$$\left(\frac{\partial \mu_\alpha}{\partial p}\right)_T = \left(\frac{\partial \mu_\beta}{\partial p}\right)_T$$

$$\left(\frac{\partial^2 \mu_\alpha}{\partial T^2}\right)_p \neq \left(\frac{\partial^2 \mu_\beta}{\partial T^2}\right)_p$$

$$\left(\frac{\partial^2 \mu_\alpha}{\partial p^2}\right)_T \neq \left(\frac{\partial^2 \mu_\beta}{\partial p^2}\right)_T$$

$$\frac{\partial^2 \mu_\alpha}{\partial T \partial p} \neq \frac{\partial^2 \mu_\beta}{\partial T \partial p}$$

由于

$$\left(\frac{\partial \mu}{\partial T}\right)_p = -S$$

$$\left(\frac{\partial \mu}{\partial p}\right)_T = V$$

$$\left(\frac{\partial^2 \mu}{\partial T^2}\right)_p = -\left(\frac{\partial S}{\partial T}\right)_p = -\frac{1}{T}\left(\frac{\partial H}{\partial T}\right)_p = -\frac{c_p}{T}$$

$$\left(\frac{\partial^2 \mu}{\partial p^2}\right)_T = -\left(\frac{\partial V}{\partial p}\right)_T = \frac{V}{V}\left(\frac{\partial V}{\partial p}\right)_T = VK$$

$$\frac{\partial^2 \mu}{\partial T \partial p} = \left(\frac{\partial V}{\partial T}\right)_p = \frac{V}{V}\left(\frac{\partial V}{\partial T}\right)_p = V\lambda$$

式中，$c_p = \left(\frac{\partial H}{\partial T}\right)_p$ 为比定压热容；$K = \frac{1}{V}\left(\frac{\partial V}{\partial p}\right)_T$ 为等温压缩系数；$\lambda = \frac{1}{V}\left(\frac{\partial V}{\partial T}\right)_p$ 为等压膨胀系数。因此

$$S_\alpha = S_\beta$$
$$V_\alpha = V_\beta$$
$$c_{p\alpha} \neq c_{p\beta}$$
$$K_\alpha \neq K_\beta$$
$$\lambda_\alpha \neq \lambda_\beta$$

也就是说，在二级相变时，无相变潜热和体积改变，只有比定压热容 c_p、压缩系数 K 和膨胀系数 λ 的不连续变化。部分有序化转变、材料的磁性转变以及超导体转变属于二级相变。

1.1.3 按原子的迁移特征分类

根据相变过程中原子迁移情况，可将固态相变分为扩散型相变、半扩散型相变和无扩散型相变。

1. 扩散型相变

相转变依靠原子的长距离扩散进行的称为扩散型相变。纯金属的同素异构转变、固溶体的多型性转变、共析转变、包析转变、调幅分解、脱溶沉淀和有序化转变等都属于扩散型相变。

若相变温度足够高，原子活动能力足够强，扩散的距离就越远，则相变结果可以改变相成分，如共析转变、脱溶沉淀；若相变温度不够高，原子只能在新旧两相界面附近做短距离扩散，则相变结果不改变成分，如多型性转变。

2. 无扩散型相变

相转变过程中原子不发生扩散，仅做有规律的迁移，改组点阵，称为无扩散型相变。无

扩散型相变中，原子迁移距离不超过原子间距，且相邻原子的相对位置保持不变，如马氏体转变。无扩散型相变一般在低温发生。

3. 半扩散型相变

这类相变是介于扩散型相变和无扩散型相变之间的一种过渡型相变。钢中的贝氏体转变就属于这种相变，即铁素体晶格改组按照切变机制进行，同时相变过程中伴随碳原子的扩散。块状转变也属于此类转变。

1.1.4 按形核特点分类

根据相变过程中有无形核，可将固态相变分为有核相变和无核相变。

1. 有核相变

有核相变也称为形核-长大型相变，它通过形核-长大方式进行。新相晶核可以在母相中均匀形成，也可以在母相中某些有利部位优先形成。新相晶核形成后不断长大，使得相变过程得以完成。新相和母相之间由明显的界面分开。大部分金属固态相变属于有核相变。

2. 无核相变

无核相变也称为连续型相变，它通过固溶体中的成分起伏形成高浓度区和低浓度区，但两者之间没有明显的界线，成分由高浓度区连续过渡到低浓度区，然后依靠上坡扩散使浓度差逐渐增大，最终生成两个成分不同、点阵结构相同、以共格界面相连的相。如合金中的调幅分解即为无核相变。

综上可见，金属固态相变类型繁多，但就相变过程的实质而言，至少发生下面三种变化之一：晶体结构变化、化学成分变化和固溶体有序化程度变化。有些金属固态相变只伴随其中一种变化，有些金属固态相变同时伴有两种或两种以上变化。如纯金属发生同素异构转变时只有晶体结构变化，调幅分解只有化学成分变化，固溶体的有序化转变只有有序化程度变化，而共析转变、脱溶沉淀等既有晶体结构变化，又有化学成分变化。此外，同一种金属材料在不同条件下可发生不同的相变，从而获得不同的组织和性能。如共析钢缓慢冷却条件下发生平衡转变获得珠光体组织，硬度约为 23HRC，但若快速冷却使之发生马氏体转变得到马氏体组织，硬度可达 60HRC 以上。

1.2 固态相变特征

金属固态相变与液固相变都是相变，有其共同性，如相变的驱动力都是新旧两相的自由能差，相变（除调幅分解外）都包括形核和长大两个基本过程。但金属固态相变时母相和新相都是固态晶体，原子的键合比较牢固，同时母相中还存在着许多晶体缺陷，因此，金属固态相变有其自身独特的特点。

1. 相变阻力大

如前所述，绝大多数金属固态相变均属一级相变，母相转变为新相时将发生体积变化。但由于受到周围母相的约束，新相不能自由胀缩，因此新相与其周围母相之间必然产生弹性应变和应力，使系统额外地增加了一项弹性应变能。这种由于新相和母相比体积差异产生的弹性应变能也称为比体积差应变能。由于应变能的作用，固态相变阻力增大，比液体金属结晶困难得多。为使相变得以进行，必须有更大的过冷度。此外，由于固态合金中原子的扩散速度约为 $10^{-12} \sim 10^{-11}$ cm/s，远低于液态金属原子的扩散速度（高达 10^{-7} cm/s），因此固态相变时原子的扩散更为困难，这也是固态相变阻力增大的又一个原因。

比体积差应变能不仅与新相、母相的比体积差和弹性模量有关，而且与新相形状有关。图 1-2 所示为新相形状与相对应变能的关系。图中把各种不同形状的新相看作旋转椭球体，用 a 表示旋转椭球体的赤道直径，用 c 表示旋转轴两极间的距离，则比值 c/a 可反映旋转椭球体的具体形状，即 $c \ll a$ 时为圆盘（片），$c = a$ 时为圆球，$c \gg a$ 时为圆棒（针）。由图可见，新相呈球状时比体积差应变能最大，呈棒（针）状时次之，呈圆盘（片）状时最小。

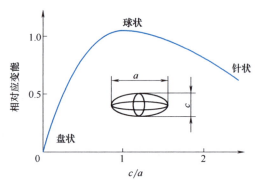

图 1-2 新相形状与相对应变能的关系

除新相与母相的比体积差产生弹性应变能外，由于新相与母相在晶体结构或点阵常数上通常存在一定的差别，使得两相界面上的原子排列不匹配而产生弹性应变能，这种弹性应变能也称为共格应变能。根据界面上两相原子在晶体学上匹配程度的不同，固态相变产生的相界面可分为三种类型，即共格界面、半共格界面和非共格界面。

（1）**共格界面** 当界面上的原子所占据的位置恰好是两相点阵的共有位置时，两相在界面上的原子可以一对一地相互匹配，这种界面称为共格界面，如图 1-3a 所示。只有对称孪晶界才是理想的共格界面。

（2）**半共格界面** 若以 a 表示界面其中一相的原子间距，Δa 表示两相原子间距之差，则两相界面上原子间距的相对差值 $\delta = \Delta a / a$，δ 称为错配度。当新相与母相的晶格错配度较大时，界面原子不能维持一一对应的关系，只有部分原子能够依靠弹性畸变保持匹配，在不能匹配的位置将形成刃型位错。这种界面上两相原子保持部分匹配关系，称为半（或部分）共格界面，如图 1-3b 所示。大多数合金中的相界面属于半共格界面。

（3）**非共格界面** 当两相界面处的原子排列差异很大，即错配度很大时，其原子间的匹配关系便不再维持，这种界面称为非共格界面，如图 1-3c 所示。

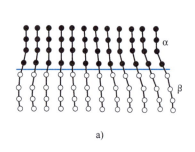 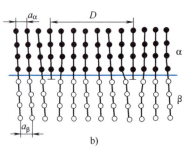 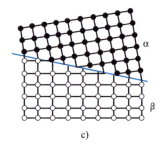

图 1-3 固态相变时界面结构示意图
a）共格界面 b）半共格界面 c）非共格界面

一般认为，$\delta < 0.05$ 时两相可以形成共格界面，$\delta > 0.25$ 时两相易形成非共格界面，0.05

<δ<0.25 时两相形成半共格界面。界面的共格应变能大小取决于错配度。错配度越大，共格应变能越小。因此，共格界面的共格应变能最大，半共格界面次之，非共格界面的共格应变能为 0。由于界面上原子排列的不规则性会使界面能升高，非共格界面的界面能最高（$0.8 \sim 2.5 \mathrm{J/m^2}$），界面不稳定，容易发生移动；半共格界面的界面能次之（$0.2 \sim 0.8 \mathrm{J/m^2}$）；共格界面的界面能最低（$0.05 \sim 0.2 \mathrm{J/m^2}$），界面稳定，不容易移动。

金属固态相变时的相变阻力包括界面能和弹性应变能（比体积差应变能及共格应变能之和）两种，相变时究竟是界面能还是弹性应变能起主导作用取决于具体条件。当过冷度很大时，临界晶核尺寸较小，单位体积新相的界面面积很大，则巨大的界面能增加了形核功而成为主要的相变阻力，此时界面能起主导作用，两相界面易取共格或半共格方式以降低界面能。但要使界面能的降低足以超过形成共格或半共格界面引起的共格应变能的增加，新相倾向于形成圆盘（片）状以降低比体积差应变能，从而降低总形核功，易于形核；当过冷度很小时，临界晶核尺寸较大，界面能不起主导作用，易形成非共格界面。此时，若两相比体积差较大，比体积差应变能起主导作用，形成圆盘（片）状新相以降低弹性应变能。若两相比体积差较小，比体积差应变能作用不大，则形成球状新相以降低界面能。

2. 新相晶核与母相之间存在一定的晶体学位向关系

固态相变时，为了减小新相与母相之间的界面能，新相与母相晶体之间往往存在一定的晶体学位向关系，两相中常以低指数、原子密度大且原子排列能较好匹配的晶面（密排面）和晶向（密排方向）互相平行。如钢中面心立方奥氏体（γ）向体心正方马氏体（M）转变时，马氏体中的密排面 $\{011\}_M$ 与奥氏体中的密排面 $\{111\}_\gamma$ 平行，马氏体中的密排方向 $<111>_M$ 与奥氏体中的密排方向 $<110>_\gamma$ 平行，这一位向关系是由 Курдюмов 和 Sachs 确定的，称为 K-S 关系。

一般来说，当新相与母相间为共格或半共格界面时，两相之间必然存在一定的晶体学取向关系；反之，若两相间无一定的取向关系，则其界面必定为非共格界面。但有时两相间虽然存在一定的晶体学取向关系，也未必具有共格或半共格界面，这可能是由于新相在长大过程中其界面的共格或半共格性已遭到破坏所致。

3. 新相习惯于在母相的一定晶面上形成

固态相变时，新相往往在母相的特定晶面和晶向形成，这个晶面称为惯习面，晶向称为惯习方向，这种现象称为惯习现象。降低界面能和应变能以减小相变阻力是固态相变惯习现象产生的原因。在许多情况下，惯习面和惯习方向就是上述晶体学取向关系中母相的晶面和晶向，但也可是其他晶面和晶向。

4. 母相晶体缺陷对相变的作用

与液态金属不同，固态金属中存在各种晶体缺陷，如空位、位错、晶界、亚晶界等。由于缺陷周围晶格存在畸变，自由能较高，新相晶核往往优先在这些缺陷处形成以获得更大的相变驱动力，从而增大形核率，而且晶体缺陷对扩散有促进作用，也增大了晶核长大速率。但在马氏体转变中，母相中存在的缺陷既可能因形成一定的组态而提高母相的强度，使相应阻力增大，又可能为相变提供能量，使相变驱动力增大。

5. 易于出现过渡相

过渡相是一种亚稳定相，其成分、结构或者二者都处于母相与新相之间。由于固态相变阻力大，原子扩散困难，尤其当转变温度较低且母相与新相成分、结构相差比较大时，直接转变比较困难，而过渡相在成分、结构上更接近于母相，两相间易于形成共格或半共格界面，以减少界面能，从而降低相变阻力，使形核易于进行。如 Al-4%Cu 合金的过饱和固溶体在时效时，其转变过程为 G. P. 区→θ″→θ′→θ，其中 θ″ 和 θ′ 为过渡相，θ 为稳定相。

上述固态相变的特点都是由于固态金属区别于液态金属的一些基本特性决定的。金属固态相变过程中表现出的各种特征都受控于以下这一基本规律：固态相变一方面力求使自由能尽可能降低，另一方面又力求沿着阻力最小、做功最少的途径进行。

1.3 固态相变过程

绝大多数固态相变（调幅分解除外）都是通过形核与长大过程完成的。

1.3.1 固态相变中的形核

形核往往是先在母相中某些微小区域内形成新相所必需的成分和结构，称为核胚。当核胚尺寸超过某一临界值时，便能稳定存在并自发长大，成为新相晶核。若晶核在母相中无择优地任意均匀分布，称为均匀形核；若晶核在母相中某些区域择优地不均匀分布，称为非均匀形核。金属固态相变与液态金属结晶过程相类似，都很少发生均匀形核，新相主要在母相的缺陷处非均匀形核，但均匀形核是形核理论的基础，所以下面分别讨论均匀形核和非均匀形核。

1. 均匀形核

与液态金属结晶过程相比，金属固态相变形核的驱动力依旧是新相与母相的自由能差，但形核的阻力除界面能外还增加了一项弹性应变能。按经典形核理论，固态相变形核时系统自由能的变化（ΔG）为

$$\Delta G = V\Delta G_V + S\sigma + V\varepsilon \tag{1-1}$$

式中，$V\Delta G_V$ 为新相与母相的亥姆霍兹自由能差，V 为新相体积，ΔG_V 为新相与母相间的单位体积自由能差，$\Delta G_V < 0$；$S\sigma$ 为界面能，S 为新相表面积，σ 为新相与母相间的单位面积界面能（简称比界面能或表面张力）；$V\varepsilon$ 为弹性应变能，ε 为新相单位体积弹性应变能。

可见，只有当 $\Delta G < 0$ 时，新相形核才有可能。

假设固态相变均匀形核时晶核为球形（半径为 r），则式（1-1）可写为

$$\Delta G = \frac{4}{3}\pi r^3 \Delta G_V + 4\pi r^2 \sigma + \frac{4}{3}\pi r^3 \varepsilon \tag{1-2}$$

令 $\dfrac{d\Delta G}{dr}=0$，则临界晶核半径 r_c 为

$$r_c = \frac{2\sigma}{-\Delta G_V - \varepsilon} \tag{1-3}$$

此时，系统自由能的变化 ΔG_c，即临界形核功为

$$\Delta G_c = \frac{16\pi\sigma^3}{3(\Delta G_V + \varepsilon)^2} \tag{1-4}$$

只有当核胚的半径大于 r_c 时，体系自由能才会随着晶核的长大而降低，即自发长大。

由式（1-3）和式（1-4）可知，临界晶核半径（r_c）和临界形核功（ΔG_c）都是自由能差（ΔG_V）的函数，因此，它们随过冷度（过热度）而变化。当过冷度（过热度）增大时，$-\Delta G_V$ 增大，临界晶核半径和临界形核功减小，新相形核概率增大，新相晶核数量也增多，相变容易发生。

与液态金属结晶相似，金属固态相变均匀形核时的形核率 I 可用下式表示：

$$I = nv\exp\left(-\frac{Q+\Delta G_c}{kT}\right) \tag{1-5}$$

式中，n 为单位体积母相中的原子数；v 为原子振动频率；Q 为原子扩散激活能；k 为玻尔兹曼常数；T 为相变温度。由于固态下 Q 值较大，固态相变时 ΔG_c 值也较高，因此，与液态金属结晶相比，金属固态相变均匀形核的形核率要低得多。

2. 非均匀形核

固态相变主要依靠非均匀形核。母相中存在的各种晶体缺陷均可作为形核位置，因为晶体缺陷所储存的能量可使临界形核功降低，形核更容易。如空位可通过加速扩散过程或释放自身能量提供形核驱动力而促进形核，空位群可凝聚成位错而促进形核。

如果将各种可能的形核位置按照形核从难到易的程度排序，大致如下：均匀形核、空位形核、位错形核（刃型位错比螺型位错容易）、堆垛层错、晶界形核（晶界形核由难到易顺序为：晶面、晶边、晶隅，如图1-4所示）、相界形核、自由表面。

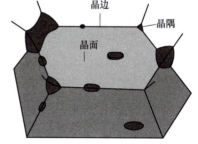

图1-4　晶面（两个晶粒的交面）、晶边（三个晶粒的交边）和晶隅（四个晶粒的交点）形核示意图

1.3.2　固态相变中的晶核长大

新相形核之后，便开始晶核的长大过程。新相的长大实质上是新相与母相的界面向母相方向的迁移。固态相变类型不同，新相与母相的界面结构不同，晶核长大机制也不同。

有些固态相变，如共析转变、脱溶转变等，由于新相和母相的成分不同，新相晶核的长大必须依赖溶质原子在母相中做长程扩散，使界面附近成分符合新相要求，新相晶核才能长大；有些固态相变，如同素异构转变、块状转变、马氏体转变等，其新相和母相的成分相同，相界面处的原子只需要做短程扩散，甚至完全不需要扩散就可使新相晶核长大。

新相晶核的长大机制还和新相与母相的界面结构有关。在实际合金中，新相晶核完全与母相匹配而形成完全共格界面的情况极少，通常见到的大都是半共格和非共格界面，这两种界面具有不同的迁移机制。

1. 半共格界面的迁移

如果新相与母相之间的界面为半共格界面，新相晶核长大时界面的迁移分为切变机制和台阶机制两种。

（1）切变机制　与母相形成半共格界面的晶核，可以通过切变机制长大。马氏体转变时，晶核与母相奥氏体形成半共格界面，晶核长大就是通过半共格界面上靠母相一侧的原子以切变的方式完成的。其特点是大量原子有规则地沿某一方向做小于一个原子间距的迁移，并保持各原子间原有的相邻关系不变,如图1-5所示。这种晶核长大过程也称为协同型长大或位移式长大。由于相变时原子的迁移小于一个原子间距,故又称无扩散型相变。

(2) 台阶机制　与母相形成半共格界面的晶核,还可以通过台阶机制长大。如魏氏组织中的铁素体就是通过半共格界面上位错的运动使界面做法向迁移而长大。半共格界面的结构如图1-6所示。图1-6a所示为平界面,即界面位错处于同一平面上,其刃型位错的柏氏矢量 b 平行于界面,此时界面要沿法向迁移,这些界面位错就必须攀移才能随界面移动,

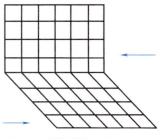

图1-5　晶核的切变长大模型

这在无外力作用或无足够高的温度下是难以实现的。图1-6b所示为阶梯界面,即界面位错分布于各个阶梯状界面上,刃型位错的柏氏矢量 b 与界面呈某一角度。此时位错的滑移运动就可使台阶发生侧向迁移,如图1-7所示,从而造成界面沿其法向向母相推进,这种晶核长大方式称为台阶式长大。

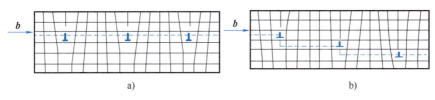

图1-6　半共格界面的结构

a) 平界面　b) 阶梯界面

2. 非共格界面的迁移

在许多情况下,新相晶核与母相之间呈非共格界面,界面处原子排列紊乱,形成不规则排列的过渡薄层,其结构如图1-8a所示。这种界面上原子移动的步调不是协同的,即无一定先后顺序,相对位移距离不等,相邻关系也可能变化。这种界面可在任何位置接受原子或输出原子,随母相原子不断向

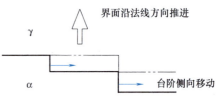

图1-7　晶核的台阶长大模型

新相转移,界面沿法向推进,使新相逐渐长大。但也有认为,在非共格界面的微观区域中也可能呈现台阶状结构(图1-8b),这种台阶台面是原子排列最紧密的晶面,台阶高度大约相当于一个原子间距,通过原子从母相台阶端部向新相台阶上转移,使新相台阶发生侧向移动,引起界面推进,使新相长大。可见,不论相变时新相与母相的成分是否相同,上述两种非共格界面的迁移都是通过界面扩散进行的,因此,这种相变称为扩散型相变。

但应指出,对于半扩散型相变,如钢中的贝氏体转变,既具有扩散型相变的特征,又具有无扩散型相变的特征。也就是说,既具有溶质原子的扩散行为,又符合半共格界面的迁移机制。

固态相变中,新相的长大速率取决于相界面的迁移速率。对于无扩散型相变,如马氏体转变,其界面迁移是通过点阵切变完成的,不需原子扩散,所以一般具有很高的长大速率;对于扩散型相变来说,其界面迁移需借助于原子的短程或长程扩散,所以新相的长大速率相对较慢。

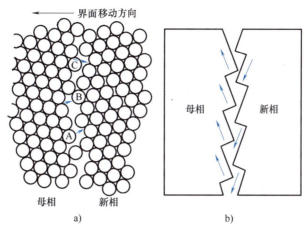

图 1-8 非共格界面的结构示意图

a) 原子不规则排列的过渡薄层 b) 台阶式非共格界面

1.4 固态相变动力学

相变动力学通常讨论的是相变的速率问题,即描述恒温条件下相变量与时间的关系。金属固态相变动力学涉及两个著名的方程和一个等温转变动力学图。

1. Johnson-Mehl 方程

固态相变的速度取决于新相的形核率和晶核长大速率,它们又都是转变温度的函数,都随转变温度而变化,因此,要想求出固态相变的速度表达式是非常困难的,目前还没有一个能精确反映各类固态相变速度和转变温度之间关系的数学表达式。Johnson-Mehl 将问题简化,假设新相为球形,且形核率 I 和晶核长大速率 v 在某一恒定的温度下均不随时间变化而为常数,最先推导出新相体积分数 f 与转变时间 τ 的关系式,即著名的 Johnson-Mehl 方程:

$$f = 1 - \exp\left(-\frac{\pi}{3} I v^3 \tau^4\right) \tag{1-6}$$

Johnson-Mehl 方程仅适用于形核率 I 及晶核长大速率 v 均为常数的扩散型相变。

2. Avrami 方程

若扩散型相变中形核率 I 及晶核长大速率 v 均不为常数,而是随着时间而变,则在一定过冷度下的等温转变动力学可用 Avrami 方程描述:

$$f = 1 - \exp(-K\tau^n) \tag{1-7}$$

式中,K 与 n 为常数,其值取决于形核率 I 及晶核长大速率 v。若形核率 I 随时间而减小,取 $3 \leq n \leq 4$;若形核率 I 随时间而增大,取 $n > 4$。对于 Johnson-Mehl 方程,$K = \frac{\pi}{3} I v^3$,$n = 4$。

3. 扩散型相变的等温转变动力学图

在实际生产中,人们通常采用一些物理方法测出在不同温度下从转变开始到转变不同量以至转变终了所需的时间,作出"温度-时间-转变量"曲线以供使用。这类曲线通常统称为等温转变动力学图,如图 1-9 所示。

由图 1-9 可知，新相形成的转变速度与过冷度关系极为密切。当转变温度高时，虽然原子扩散速度很快，但因过冷度很小，相变驱动力很小，转变速度很慢。在中间温度时，转变速度达到最大，因为这时过冷度较大，相变驱动力也较大，原子扩散也较快。当转变温度很低时，过冷度很大，虽然相变驱动力很大，但因原子扩散十分缓慢而使转变速度显著下降，这是扩散型相变的典型等温转变曲线。此外，固态相变开始前需要有一段孕育期，孕育期长短随转变温度而异。转变温度高时，孕育期较长，转变需要时间也长；随着转变温度下降，孕育期缩短，转变加速，至中间某一温度，孕育期最短，转变速度最快；转变温度继续下降，孕育期又逐渐加长，转变所需时间也加长；当转变温度过低时，扩散型相变可能被抑制，转变为无扩散型相变。

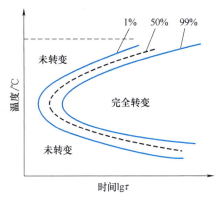

图 1-9　等温转变动力学图

习　题

1. 简述金属固态相变的基本类型。
2. 金属固态相变有哪些主要特征？
3. 金属固态相变产生的相界面有哪几种？比较它们的弹性应变能和界面能的大小，并分析界面结构对新相晶核长大机制的影响。
4. 何为 K-S 位向关系？
5. 什么是金属固态相变的均匀形核和非均匀形核？固态相变形核主要依靠均匀形核还是非均匀形核？与液态金属结晶过程相比，金属固态相变的均匀形核率有何特点？

第2章

钢在加热时的奥氏体转变

钢的热处理是通过对钢材加热、保温及冷却的操作方法来改变其内部组织结构,从而获得所需性能的一种加工工艺。它能显著提高钢铁零件的使用性能,充分发挥钢铁材料的潜力,延长零件的使用寿命,减少资源消耗。因此,钢的热处理在机械制造工业中占有十分重要的地位。要让钢的热处理工艺发挥理想效果,钢的奥氏体化质量尤为重要,它对随后冷却过程中奥氏体的转变特点和转变产物的组织和性能都有显著影响。获得均匀、细小、无加热缺陷的奥氏体组织是保证热处理质量的第一步。

2.1 奥氏体的基本性质

奥氏体是碳溶于 γ-Fe 形成的间隙固溶体,具有面心立方结构,如图 2-1a 所示。碳在 γ-Fe 中的最大固溶度为 2.11%,碳原子在奥氏体中分布是不均匀的,存在浓度起伏。奥氏体的组织形态多为多边形等轴晶粒,在晶粒内部往往存在孪晶亚结构,如图 2-1b 所示。

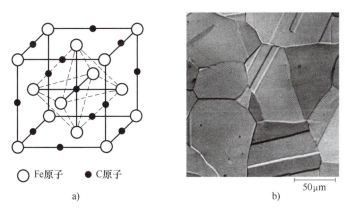

图 2-1 奥氏体的晶体结构与显微组织
a) 奥氏体的晶体结构 b) 奥氏体的显微组织

奥氏体的强度低、塑性好,具有良好的锻造工艺性能,因此,钢(尤其是常温塑性较差的钢)的塑性加工工艺宜选择在其奥氏体状态进行。

在钢的各种组织中,奥氏体的比体积最小。例如,共析钢的奥氏体、铁素体和马氏体的比体积分别为 $1.2339 \times 10^{-4} m^3/kg$、$1.2708 \times 10^{-4} m^3/kg$ 和 $1.2915 \times 10^{-4} m^3/kg$。因此,当奥氏体形成或由奥氏体向其他组织转变时,会产生体积变化,从而引起内应力。尤其是当奥氏体转变成马氏体时,由于二者比体积差异较大,组织转变前后钢的体积变化引起的残余内应力也较大。

奥氏体具有顺磁性,因而全奥氏体钢可用作不受磁场干扰需求的零件。相较于钢的其他组织,奥氏体的线胀系数大,可用于热敏功能材料。

合金元素原子(Mn、Si、Cr、Ni 等)溶入奥氏体中取代 Fe 原子的位置,可形成置换式固溶体,称为合金奥氏体。

2.2 奥氏体的形成机理

根据 Fe-Fe$_3$C 相图,铁碳合金中的奥氏体只有在 A_1(PSK 线)温度以上才能稳定存在。在平衡加热条件下,珠光体向奥氏体的转变是在 A_1 温度开始;亚共析钢中的先共析铁素体向奥氏体转变则是从 A_1 温度开始,在 A_3(GS 线)温度结束;过共析钢中的先共析渗碳体向奥氏体转变则是从 A_1 温度开始,在 A_{cm}(ES 线)温度结束。如果加热速度提高,则实际珠光体、先共析铁素体和先共析渗碳体向奥氏体转变均在一定的过热条件下进行,即实际相变温度分别高于 A_1、A_3 和 A_{cm},且加热速度越快,实际相变温度高于 A_1、A_3 和 A_{cm} 的程度越大。为了区分起见,实际加热时的相变温度可分别加上 "c",用 Ac_1、Ac_3 和 Ac_{cm} 表示。同理,实际冷却时的相应相变温度可分别加上 "r",用 Ar_1、Ar_3 和 Ar_{cm} 表示,如图 2-2 所示。

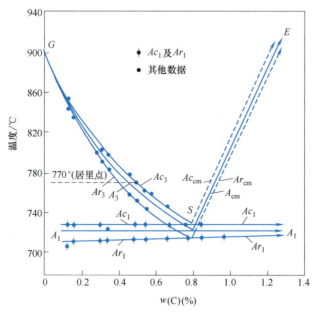

图 2-2 相变温度示意图

奥氏体的形成属于固态相变中的有核相变,包括形核和长大两个基本过程。原始组织不同,奥氏体形成时在形核和长大过程中表现出的特点也不同。常见的原始组织有珠光体类和马氏体类两种,其中又以珠光体类原始组织最常见,因此在此重点讨论。

2.2.1 珠光体向奥氏体转变的基本过程

珠光体由铁素体（α）和渗碳体（Fe_3C）组成，其向奥氏体转变的基本过程包括四个步骤：奥氏体晶核形成、奥氏体晶核长大、残留Fe_3C溶解、奥氏体成分均匀化，如图2-3所示。

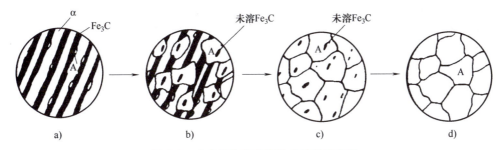

图 2-3 珠光体向奥氏体转变过程示意图

a）奥氏体晶核形成 b）奥氏体晶核长大 c）残留Fe_3C溶解 d）奥氏体成分均匀化

1. 奥氏体晶核形成

片状珠光体向奥氏体转变时，奥氏体晶核优先在珠光体团界面上的α/Fe_3C相界面形核，其次在珠光体团内的α/Fe_3C相界面形核，如图2-4所示，也可在铁素体亚结构界面形核，这样有利于满足形核所需的能量起伏、结构起伏和成分起伏三个条件。

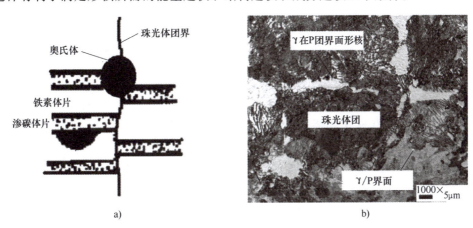

图 2-4 奥氏体优先在珠光体团界面形核

a）示意图 b）组织图

如果原始组织为球状珠光体，奥氏体则优先在与晶界相连的α/Fe_3C相界面形核，其次是在不与晶界相连的α/Fe_3C相界面上形核，如图2-5所示。

2. 奥氏体晶核长大

稳定的奥氏体晶核形成以后，长大过程随即开始。奥氏体晶核长大是依靠原子扩散完成的，在此过程中，铁原子和碳原子均参与扩散，但碳原子扩散速度及扩散程度远高于铁原子扩散，因而扩散主力军为碳原子。碳原子扩散使奥氏体

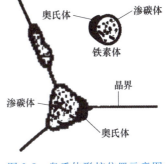

图 2-5 奥氏体形核位置示意图

晶核向铁素体相和渗碳体相两侧推移并长大。

对于片状珠光体，α/Fe₃C 相界面形成的奥氏体晶核会同时沿垂直于珠光体片和平行于珠光体片的两个方向长大。对于球状珠光体，奥氏体长大时首先是包围球状渗碳体，将渗碳体和铁素体隔开，然后通过 γ/α 界面和 γ/Fe₃C 界面分别向铁素体和渗碳体一侧推移，使铁素体和渗碳体逐渐消失，从而实现奥氏体晶核的长大。

当奥氏体在片状珠光体中沿垂直于珠光体片方向长大或在球状珠光体中长大时，铁素体与渗碳体被奥氏体隔开，碳原子通过在奥氏体晶粒中的体扩散，由近渗碳体一侧扩散到近铁素体一侧。图 2-6 所示为在略有过热的 T_1 温度时奥氏体、铁素体和渗碳体各界面处的平衡碳浓度及碳原子扩散方向示意图。

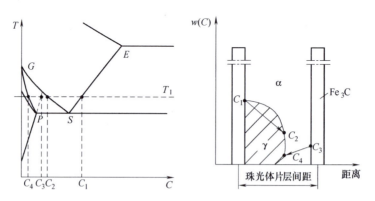

图 2-6　奥氏体、铁素体和渗碳体各界面处的平衡碳浓度及碳原子扩散方向示意图
C_1—与 Fe₃C 相接触的 γ 的碳浓度　C_2—与 α 相接触的 γ 的碳浓度
C_3—与 Fe₃C 相接触的 α 的碳浓度　C_4—与 γ 相接触的 α 的碳浓度

当奥氏体在片状珠光体中沿平行于珠光体片方向长大时，碳原子的扩散既可以在奥氏体晶粒中进行，也可以沿 γ/α 相界面进行，如图 2-7 所示。由于沿相界面扩散时路程短，扩散系数大，扩散更容易进行，这种扩散路径是主要的。所以，奥氏体沿平行于珠光体片方向的长大过程比沿垂直于珠光体片方向的长大过程更快。

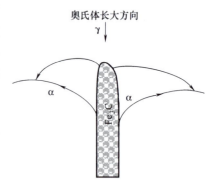

图 2-7　奥氏体在珠光体中沿平行于珠光体片方向长大时碳原子扩散示意图

3. 残留碳化物的溶解

奥氏体与铁素体的晶体结构差异及碳浓度差异均比奥氏体与渗碳体的小，γ/α 界面向铁素体侧推移的速度比 γ/Fe₃C 界面向渗碳体侧推移的速度要快得多，所以珠光体中的铁素体完全转变为奥氏体后，还有相当数量的 Fe₃C 尚未溶解，这些 Fe₃C 被称为残留 Fe₃C。当钢中还有合金碳化物时，则统称为残留碳化物。残留碳化物在继续保温的过程中，随着保温时间的延长，会逐渐溶解。

4. 奥氏体成分均匀化

当残留渗碳体全部溶解后，奥氏体中的碳浓度仍是不均匀的，在原渗碳体处碳含量高，在原铁素体处碳含量低，只有在保温过程中通过碳原子不断从高浓度区向低浓度区扩散，碳浓度不均匀的奥氏体才会逐渐变成碳浓度均匀的奥氏体。

与上述共析钢的奥氏体化相比，非共析钢的奥氏体化过程分两步进行，即首先完成珠光体向奥氏体的转变，这与共析钢的奥氏体化过程相同，然后是先共析相转变为奥氏体的过程，这些过程都是靠原子扩散实现的。应该指出的是，非共析钢的奥氏体化过程中碳化物溶解以及奥氏体成分均匀化的时间更长。

2.2.2 马氏体向奥氏体的转变

一般情况下是不需要将钢的马氏体进行奥氏体化的，但对于一些热处理质量不合格的返修件，或是在某些铸造、锻造的连续冷却环节中出现马氏体组织而影响后续加工或使用时，生产中常把马氏体组织加热到临界温度以上进行奥氏体化。

马氏体在 Ac_1 以上加热时，可能会同时形成针状和球状两种形状的奥氏体。一般以形成球状奥氏体为主，经保温或升温后，晶粒长大成等轴多边形。但若形成针状奥氏体，在随后的保温或升温过程中会合并长大为粗晶粒（图 2-8），因为针状奥氏体与原始板条马氏体之间保持严格的晶体学取向关系：$\{111\}_\gamma \parallel \{011\}_M$，$<011>_\gamma \parallel <111>_M$，即在同一板条束内形成的针状奥氏体具有完全相同的取向，而这种取向又通过原始板条马氏体与原奥氏体联系着，容易发生奥氏体晶粒合并，从而恢复原奥氏体的粗大晶粒，即发生组织遗传。组织遗传现象的产生，使得钢材热处理后再次出现粗大奥氏体晶粒，降低奥氏体化质量，并影响冷却转变产物的性能。

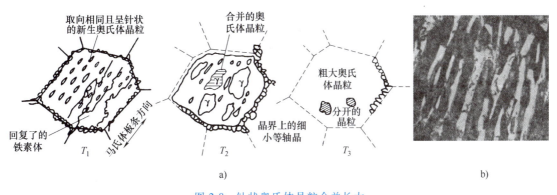

图 2-8 针状奥氏体晶粒合并长大
a) 示意图 b) 组织图

加热温度和加热速率对奥氏体的形态有很大影响。当在 Ac_3 附近或略高于 Ac_1 温度加热时，不易出现针状奥氏体。但部分板条马氏体加热到 Ac_1 以上时，会形成针状奥氏体，在随后的继续保温或升温过程中，针状奥氏体可能会转变成球状奥氏体，也可能发生针状奥氏体粗化，造成组织遗传。当加热速率很快（大于 100℃/s）或很慢（小于 50℃/min）时，容易出现针状奥氏体，加热速率中等时不易出现针状奥氏体，以形成球状奥氏体为主。因此，在热处理工艺制定时，可选择适当的加热速率避免针状奥氏体形成，从而避免组织遗传现象的出现。

显然，原始奥氏体晶粒粗大，冷却后得到的马氏体组织也粗大，在重新奥氏体化时，容易发生组织遗传。要消除或阻断这种组织遗传，就要想办法切断马氏体向奥氏体转变时二者之间的晶体学关系，可以采取以下措施：

1）可以对马氏体组织先实施一次高温回火或退火，获得平衡组织（铁素体和渗碳体的两相混合物）后再进行奥氏体化，从而避免由马氏体组织直接加热奥氏体化。

2）采用中速加热，获得球状奥氏体组织，避免发生针状奥氏体晶粒的合并。

3）利用多次循环加热、冷却，破坏新相和母相之间的取向关系，从而获得细小的奥氏体晶粒。经实践检验，多次循环加热是消除组织遗传非常有效的方法。

2.3 奥氏体的形成动力学

奥氏体既可以在等温条件下形成，也可以在连续加热条件下形成。影响奥氏体形成动力学的最主要因素是温度和时间，本节主要讨论奥氏体的转变量与温度和时间的关系。

2.3.1 奥氏体等温形成动力学

研究奥氏体等温形成动力学的常用方法有金相法、膨胀法、热分析法等，最直观的方法是金相法。通常是将试样快速加热到 Ac_1 以上的不同温度，并在各温度下保温不同时间后迅速淬冷。此时，未发生奥氏体转变的原始珠光体类组织，冷却后依然是珠光体类组织，已形成的奥氏体在淬冷后将转变为马氏体组织。因此，可以通过金相观测确定奥氏体的转变量与时间的关系。

图 2-9 所示为共析钢分别在 730℃ 和 751℃ 奥氏体化时奥氏体转变量与时间的关系曲线，即奥氏体等温形成动力学曲线。由图可以看出：

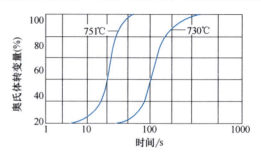

图 2-9 共析钢在奥氏体化时奥氏体转变量与时间的关系曲线

1）奥氏体形成需要一定的孕育期，且等温转变温度不同，需要的孕育期不同。

2）等温转变开始阶段，转变速率逐渐增加，在转变量约为 50% 时，转变速率达到最快，之后转变速率逐渐减慢，直至转变完成。

3）转变温度越高，奥氏体的形成速率越快。因为随着温度的升高，相变的过热度增加，临界晶核半径减小，所需成分起伏也减小。

单条奥氏体等温形成动力学曲线信息少，使用不方便。将不同温度下奥氏体等温形成过程综合表示在一张图中，得到奥氏体等温转变时的时间-温度-奥氏体化图（Time-Temperature-Authentication），又称奥氏体等温形成动力学图，简称等温 TTA 图。利用等温 TTA 图可以确定钢在一定的加热条件（温度和时间）下奥氏体化的情况。图 2-10 所示为共析钢的等温 TTA 图。由图 2-10 可见，共析钢在 760℃ 保温 10^4 s（约 2.8h）仍无法

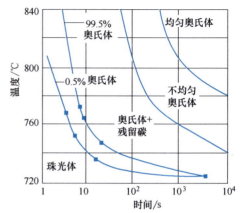

图 2-10 共析钢的等温 TTA 图
（预处理：875℃ 正火）

获得均匀的奥氏体,而在820℃仅需保温不到10^3s(约16.7min)即可获得均匀的奥氏体。可见,奥氏体化加热温度越高,转变所需孕育期越短,完成奥氏体化的时间也越短。

相较于碳钢而言,合金钢的奥氏体化过程需要更高的温度和更长的时间。图2-11所示为0.47C-0.27Si-0.90Mn-1.10Cr钢的等温TTA图。其中,Ac_2为钢加热时的居里温度,Ac_c为钢加热时碳化物完全溶解线。从图中可以看出,合金钢以130℃/s的加热速率加热到800℃时,保温10^3s(约16.7min)后,仍有部分碳化物未完全溶解,但若加热到1000℃,只需保温0.1s即可将碳化物全部溶解。可见,温度对奥氏体形成动力学影响巨大。

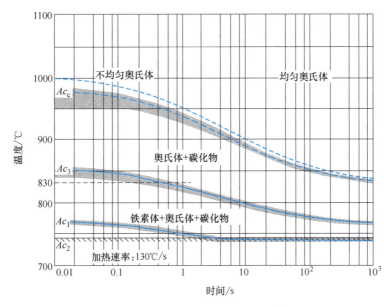

图2-11　0.47C-0.27Si-0.90Mn-1.10Cr钢的等温TTA图

2.3.2　连续加热时奥氏体形成动力学

钢的奥氏体化过程也可以在连续加热条件下完成。钢在连续加热时奥氏体形成动力学图(即连续加热时的TTA图)的测定也可以用金相法,即将若干个同种试样分别以不同的加热速率(0.05~2400℃/s)加热到不同温度后快速淬冷,然后通过金相观测确定不同加热状态下的奥氏体转变进程。图2-12所示为0.49C-0.26Si-0.74Mn钢连续加热时的TTA图。

使用钢的连续加热TTA图时,需先找到或作出所用的加热速率线,然后找出此线与Ac_1、Ac_3、Ac_c线各相交点所对应的温度和时间。如图2-12中,当加热速率为100℃/s时,与Ac_1、Ac_3、Ac_c线各相交点的位置分别约为(775℃,7.5s)、(840℃,8s)、(1045℃,10s)。从图2-12中还可以看出,加热速率越大,碳化物完全溶入奥氏体所需的时间越短,完成奥氏体化的温度越高。

2.3.3　影响奥氏体形成速率的因素

影响奥氏体形成速率的因素主要是加热温度、钢的成分和原始组织状态等,其中最主要的因素是加热温度。若是连续加热,则加热速率对钢的奥氏体形成速率也有显著影响。

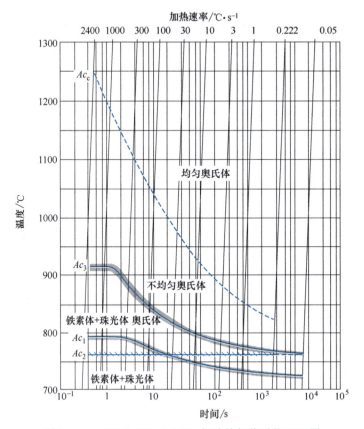

图 2-12 0.49C-0.26Si-0.74Mn 钢连续加热时的 TTA 图

1. 加热温度

加热温度升高，奥氏体实际相变温度上升，获得的过热度增大，相变驱动力也越大，越有利于奥氏体形核。同时，加热温度越高，碳原子的扩散系数越大，碳在奥氏体中的浓度梯度也增大，因此，γ/α 与 α/γ 界面的碳浓度差和 $Fe_3C/γ$ 与 $γ/Fe_3C$ 界面的碳浓度差均变小（图 2-6），使得铁素体向奥氏体及渗碳体向奥氏体转变所需的碳原子迁移量减少，奥氏体转变加快。

2. 钢的成分

在亚共析钢中，随着碳含量的增加，$Fe_3C/α$ 界面面积增大，奥氏体形核率增大，同时，碳原子在奥氏体中的扩散系数也随着碳含量的增加而增加，都使奥氏体的形成速率加快。在过共析钢中，随着碳含量的增加，钢中碳化物数量增多，由于碳化物转变为奥氏体的速率远低于铁素体转变为奥氏体的速率，导致奥氏体形成速率一般是降低的。

合金元素对奥氏体形成的影响较为复杂，大致可体现在以下几个方面：

1）通过影响碳原子的扩散系数而影响奥氏体的形成速率。如 Ni、Co、Mn 等元素可促进碳原子在奥氏体中的扩散而提高奥氏体的形成速率，Cr、W、Mo 等元素阻碍碳原子在奥氏体中的扩散而降低奥氏体的形成速率。

2）通过改变相变点影响实际过热度大小。转变温度相同时，Si、Cr、Mo 等元素可提高 Ac_1 和 Ac_3 温度，降低过热度；Ni、Mn 等元素则降低 Ac_1 和 Ac_3 温度，增大过热度。过热度越大，奥氏体越容易形成。

3）合金碳化物的稳定性好，在奥氏体中的溶解和奥氏体均匀化时间都更长。

4）合金元素不论是溶于铁素体还是溶于碳化物中，其在钢中的扩散都慢，奥氏体成分均匀化所需的时间都更长，奥氏体形成速率减慢。当然，合金钢中各种合金元素的影响是交互的，实际影响结果要综合来看，需要在实践中检验。

3. 原始组织状态

一般来说，原始组织越接近平衡状态，组织越稳定，奥氏体形成越慢。原始组织为片状珠光体时，珠光体的片层间距越小，可供奥氏体形核的相界面越多，碳元素扩散越容易，奥氏体形成速率越快。原始组织为球状珠光体时，其奥氏体化速率明显比原始组织为片状珠光体时要慢。

4. 加热速率

钢在连续加热转变时，随着加热速率的增大，奥氏体转变开始温度和转变终了温度均升高，转变所需时间缩短，奥氏体形成速率加快。但加热速率的增大使碳化物来不及充分溶解，碳及合金元素不能充分扩散，会导致奥氏体中碳和合金元素的浓度不均匀，增大奥氏体成分不均匀性。对于亚共析钢，加热速率提高，淬火后会得到低于平均成分的马氏体及未经转变完全的铁素体和碳化物，导致淬火后的硬度不足，应该避免。对于过共析钢，加热速率提高，淬火后得到低于共析成分的低、中碳马氏体及剩余碳化物，有助于马氏体韧化，可在实际生产中加以利用。

2.4 奥氏体晶粒的长大及其控制

奥氏体形成后，碳化物还没有完全溶入奥氏体时，已经形成的奥氏体晶粒可能就已经开始长大，当碳化物完全溶解后，在奥氏体成分均匀化过程中，随着奥氏体化温度的升高或保温时间的延长，奥氏体晶粒长大的现象就越来越明显。奥氏体晶粒的大小直接影响冷却后的组织粗细，从而影响钢的使用性能和使用寿命，所以研究奥氏体晶粒长大问题具有重要的实际意义。

2.4.1 晶粒大小对钢力学性能的影响

通常情况下，钢的晶粒越细，其强度越高，塑性和韧性也越好。钢的屈服强度与晶粒大小遵循著名的 Hall-Petch 关系：

$$R_{eL} = R_i + K_y d^{-\frac{1}{2}} \tag{2-1}$$

式中，d 为钢中各晶粒的平均直径（m）；R_{eL} 为钢的屈服强度（MPa）；R_i 为常数，表示晶内对变形的阻力（MPa）；K_y 为常数，表征晶界对强度影响的程度（MPa·m$^{1/2}$）。

钢的晶粒大小与韧脆转变温度之间的关系，可以用式（2-2）表示：

$$\beta T = \ln\beta - \ln C - \ln d^{-\frac{1}{2}} \tag{2-2}$$

式中，T 为韧脆转变温度（K）；d 为钢中各晶粒的平均直径（m）；β 和 C 为常数。

根据式（2-1）和式（2-2），钢的晶粒越细，其屈服强度越高，韧脆转变温度越低。虽然上述两式中的晶粒指的是室温下稳定组织的晶粒,但这些室温组织的晶粒是由高温奥氏体转变而来的,因此,高温时的奥氏体晶粒越细,室温时的组织也越细。

2.4.2 奥氏体晶粒度

晶粒度是晶粒大小的度量。奥氏体晶粒大小可以用晶粒度级别 G 表示,其值越大,晶粒越细。1 级晶粒最粗,10 级以上的晶粒称为"超细晶粒"。使用晶粒度级别表示的晶粒度与测量方法和使用单位无关。晶粒度级别与显微晶粒大小的关系为

$$N = 2^{G-1} \tag{2-3}$$

式中,N 为放大 100 倍时 645.16mm^2(即 1in^2)面积内包含的晶粒数;G 为晶粒度级别数。

也可转换单位,用式(2-4)表示:

$$G = -2.9542 + 3.321928 \lg N_a \tag{2-4}$$

式中,N_a 为放大 1 倍时 1mm^2 面积内包含的晶粒数。

晶粒大小也可直接用晶粒平均截距、晶粒平均截面面积、晶粒平均直径、单位长度线段截交晶粒数等来表示。晶粒度级别的评定还可以通过显微镜下观察到的晶粒组织或拍摄的金相照片与标准评级图的对比进行。

奥氏体晶粒度一般包括三种:

(1) **起始晶粒度** 是指奥氏体形成刚结束,其晶粒边界刚刚相互接触时的晶粒大小。起始晶粒度难以测定,实际意义不大。但奥氏体起始晶粒度一般很细小,通过快速的高温短时加热可获得细晶粒,这对热处理具有重大意义

(2) **实际晶粒度** 是指经具体热处理后获得的实际奥氏体晶粒大小。奥氏体实际晶粒度总比起始晶粒度大,但实际晶粒度基本上反映了室温下的晶粒大小,直接影响钢在热处理后的组织和性能,具有重要的实际意义,是必须加以评定和控制的。

(3) **本质晶粒度** 是根据标准试验方法(YB 27—77)将钢加热到 930℃±10℃,保温 3h,冷却后测得的晶粒大小。本质晶粒度用以表征钢加热时奥氏体晶粒长大的倾向。本质晶粒度在 5~8 级的钢,奥氏体晶粒长大倾向小,称为本质细晶粒钢。本质晶粒度在 1~4 级的钢,则称为本质粗晶粒钢。实际生产中,一般选用本质细晶粒钢,热处理工艺容易控制,容易获得细小的奥氏体晶粒。

实际热处理时,多数钢的奥氏体化温度为 Ac_3+(20~30℃),远低于 930℃,保温时间也远小于 3h,因此按照标准试验方法检验到的本质晶粒度远大于实际晶粒度,使得这部分钢材的晶粒度小于 5 级,造成不合理报废。我国最新版金属平均晶粒度测定方法(GB/T 6394—2017)不再规定本质晶粒度的测定方法,而是规定按照不同碳含量对应的实际热处理温度(不超过正常热处理温度 30℃),保温 1~1.5h,测定钢的奥氏体晶粒度,作为选用钢材的参考依据。

2.4.3 奥氏体晶粒长大原理

在一定的温度下奥氏体晶粒会发生长大,长大方式是通过界面迁移进行的,即大晶粒吞并小晶粒或弯曲晶界平直化,如图 2-13 所示。晶粒长大的结果是总的晶界面积减小,总界面能下降,因此,奥氏体晶粒长大是一个自发进行的过程。

奥氏体晶粒长大的动力为其晶界的界面能。由界面能所提供的驱动力大小可以用式

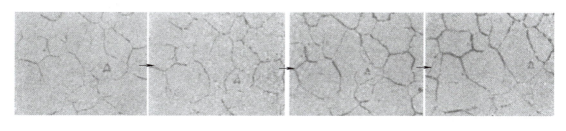

a)

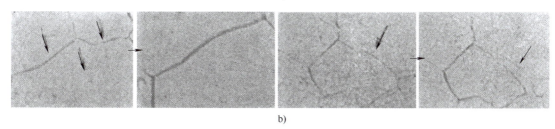

b)

图 2-13 奥氏体晶粒长大示意图

a) 大晶粒吞并小晶粒　b) 晶界平直化

(2-5) 表示：

$$F = 2\gamma/R \tag{2-5}$$

式中，F 为驱动力；γ 为界面能；R 为球面晶界曲率半径。可见，晶粒越小，界面能越大，长大驱动力越大，晶粒的长大倾向越大。但晶粒不会无限长大，因为随着晶粒的长大，晶界越来越平直，长大的驱动力显著减小，晶粒长大的速率自然越来越慢。

2.4.4　影响奥氏体晶粒长大的因素

影响奥氏体晶粒长大的因素很多，主要有加热条件（如加热温度、保温时间、加热速率等）、第二相颗粒以及其他因素（如冶炼方法、合金元素等）等。

1. 加热条件

等温加热条件下，保温时间越长，奥氏体晶粒越大。一般情况下，奥氏体晶粒正常长大时，晶粒平均直径的增大服从以下经验公式：

$$\overline{D} = kt^n \tag{2-6}$$

式中，$\overline{D}$ 为晶粒平均直径；t 为加热时间；k、n 为与材料和温度有关的常数，一般材料的 n 值通常小于 0.5。奥氏体化温度越高，虽然奥氏体的形核率增大，但同时元素扩散也越快，奥氏体晶界迁移越快，晶粒长大速率越高，晶粒越粗大。当奥氏体化温度过高，保温时间过长时，奥氏体晶粒可能长得过分粗大，即产生过热缺陷。

连续加热条件下，加热速率越快，奥氏体实际形成温度越高，形核率增大，但由于加热时间短，奥氏体晶粒来不及长大，可获得细小的起始晶粒度。在实际生产中，利用快速循环加热奥氏体化，可以有效细化奥氏体晶粒。

2. 第二相颗粒

奥氏体长大是靠奥氏体晶界迁移实现的。当晶界或晶内存在很多细小难溶的第二相颗粒时，奥氏体晶界在跨越第二相颗粒时，晶界会发生弯曲，导致晶界面积增大，使晶界能量升高、阻碍晶界推移，即阻碍晶粒长大。根据 Zener 近似计算得知，当晶粒停止长大时，晶粒平均直径 D 与第二相颗粒半径 r、第二相的体积分数 f 之间的关系满足式（2-7）：

$$D = \frac{4r}{3f} \tag{2-7}$$

可见，只有当钢中留有足够细、数量足够多的第二相颗粒时，才有利于得到细小的奥氏体晶粒。图 2-14 所示为含不同体积分数第二相颗粒时的奥氏体晶粒组织示意图。

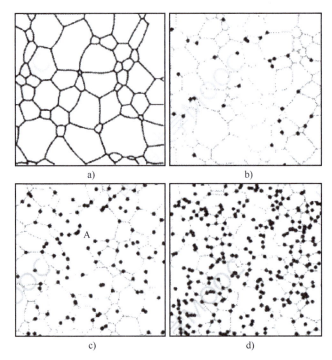

图 2-14　含不同体积分数第二相颗粒时的奥氏体晶粒组织

3. 其他因素

钢的冶炼方法对奥氏体晶粒长大也有影响。由于铝能与钢中的氮元素结合形成 AlN 颗粒，它是难溶颗粒，可以作为第二相颗粒起到阻碍奥氏体晶粒长大的作用。因此，用 Al 脱氧的钢，含有足够数量的 AlN 颗粒时，就是细晶粒钢。

合金元素对奥氏体晶粒长大的作用各不相同。一般来说，强碳化物或氮化物形成元素，如钒、钛、铌、钨、钼等，可以像铝那样在钢中形成弥散分布的第二相颗粒，阻止奥氏体晶粒长大。锰、磷等使奥氏体晶粒长大过程略微加速，镍、钴、铜、硅等对奥氏体晶粒长大过程基本没有影响。

2.4.5　奥氏体晶粒大小的控制

钢在奥氏体化时应尽量控制奥氏体晶粒长大，确保获得细小的奥氏体晶粒。根据影响奥氏体晶粒长大的因素及作用原理，得出如下细化奥氏体晶粒大小的常用方法。

（1）铝脱氧法　利用 Al 脱氧，保留足够 AlN 颗粒细化奥氏体晶粒，这是方便有效，也是应用最广的一种方法。

（2）合金化法　在钢中添加碳化物形成元素，利用碳化物颗粒来细化奥氏体晶粒。高强度低合金钢（High-Strength-Low-Alloy，HSLA）中就添加了足够的碳化物形成元素，形成的合金碳化物在钢的热轧终了时能有效阻止奥氏体晶粒长大，甚至还能阻止热轧时的再结晶过程，得到特别细小的奥氏体晶粒，冷却后得到非常细小的铁素体晶粒，使钢获得很好的强韧性。如 HC420LA（相当于国内牌号 CR420LA）高强度低合金钢中添加了微量（质量分数）的铝（0.025%~0.045%）、钛（0.015%~0.025%）、铌（0.01%~0.03%），控制终轧温度在 870℃±14℃，轧后快冷，钢材的屈服强度可达 420~520MPa，伸长率大于 17%。

(3) **快速加热法**　采用快速加热，控制奥氏体化温度和时间来细化奥氏体晶粒也是一种有效的方法。高频感应淬火就是利用这一原理得到细小晶粒的。

良好的开端是成功的一半。控制好钢的奥氏体化工艺参数，确保获得均匀、细小的奥氏体，是保证后续冷却转变质量的重要基础。对于实际得到粗晶粒的钢，可以通过重新进行一次或多次奥氏体化来细化晶粒。只要控制好奥氏体化温度、保温时间和加热速率，是可以细化晶粒的，但秉着负责任的态度和节约能源考虑，还是尽量避免不必要的重复奥氏体化操作。

习　题

1. 奥氏体形成的温度条件是什么？珠光体转变为奥氏体的过程包含哪几个步骤？
2. 奥氏体晶核优先在什么位置形核？为什么？
3. 为什么共析钢奥氏体化时，当铁素体完全转变为奥氏体后仍有部分碳化物没有溶解？
4. 影响奥氏体晶粒长大的因素有哪些？
5. 阐述奥氏体晶粒长大及其控制研究对指导热处理生产的重要意义。
6. 什么是奥氏体的本质晶粒度？为什么从热处理生产角度看，要获得细小的奥氏体晶粒，宜选用本质细晶粒钢？

第3章

钢的过冷奥氏体转变

钢在加热完成奥氏体转变后，以什么方式和速率进行冷却，冷却到什么温度区间，将对钢的组织和性能起决定性作用。因此，冷却过程是钢热处理的关键工序。掌握奥氏体在不同冷却条件下的组织转变规律，就能正确地选择合适的冷却方式来控制钢的组织和性能。

3.1 钢的冷却转变概述

钢在冷却时发生的组织转变，既可以在某一恒定温度下进行，也可以在连续降温过程中进行。当奥氏体冷却至 Ar_1 以下时，在热力学上处于不稳定状态，但并不立即转变为其他组织，而是在满足一定的时间或温度条件时才发生转变。这种在 Ar_1 以下存在且不稳定的、将要发生转变的奥氏体称为**过冷奥氏体**。Ar_1 与过冷奥氏体转变为其他组织（珠光体、索氏体、托氏体、贝氏体、马氏体）的实际温度之差则为过冷度。

过冷奥氏体在不同冷却条件下发生转变的起止时间和各种类型组织转变所处温度范围可以用过冷奥氏体转变图来表示。如果转变是在恒温下进行的，则用过冷奥氏体等温（恒温）转变图表示，即 IT（Isothermal Transformation，即等温转变）图或 TTT（Temperature Time Transformation，即温度-时间-转变量）图，简称 IT 图；如果转变是在连续降温过程中进行的，则用过冷奥氏体连续冷却转变图表示，即 CT（Continuous Transformation，即连续转变）图或 CCT（Continuous Cooling Transformation，即连续冷却转变）图，简称 CT 图。

3.2 过冷奥氏体的等温转变

3.2.1 IT 图概述

IT 图是通过测定一系列不同温度的等温转变动力学曲线（S 曲线）绘制而成的。不同钢材的 IT 图不同，图 3-1 所示为共析钢等温转变动力学曲线及 IT 图。IT 图中过冷奥氏体转变开始曲线和转变终了曲线的形状呈字母"C"形，因而 IT 图又称为 C 曲线。

由图 3-1 可见，在不同温度下，过冷奥氏体均需要经过一定的时间才能开始发生转变，这段时间即为孕育期。孕育期的长短反映了在不同过冷度条件下过冷奥氏体的稳定性。在 C 曲线的拐弯处，即通常所谓的"鼻尖"，孕育期最短，过冷奥氏体最不稳定；在"鼻尖"以上温度区间，随着过冷度增大，过冷奥氏体稳定性下降，转变所需的孕育期缩短；在"鼻尖"以下温度区间,随着过冷度增大,过冷奥氏体稳定性增加,转变所需的孕育期延长。

实践表明,碳钢的过冷奥氏体在 Ar_1 以下不同温度区间保持,将可能发生三种不同类型的组织转变:在 Ar_1 到"鼻尖"温度的高温区,发生珠光体类型转变,得到珠光体类组织;在"鼻尖"温度到 Ms 点的中温区,发生贝氏体转变,得到贝氏体组织;在 Ms 到 Mf 点的低温区,发生马氏体转变,得到马氏体组织。其中,Ms 点是马氏体转变开始温度,Mf 点是马氏体转变结束温度。

3.2.2 IT 图的建立

目前,IT 图的测定通常采用金相法、膨胀法、磁性法、电阻法、热分析法和 X 射线法等。实践中往往是几种方法配合使用,取长补短。

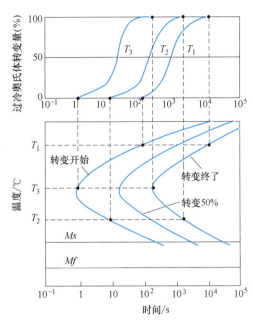

图 3-1 共析钢等温转变动力学曲线及 IT 图

1. 金相法

测试时,将试样加热奥氏体化后,迅速转入给定温度的等温炉中,分别停留不同时间,随即迅速淬入盐水中。在等温过程中未发生转变的过冷奥氏体在淬火时将转变为马氏体,而等温转变产物则分布于其中并保留至室温,利用金相显微镜或电子显微镜等直接观察过冷奥氏体在不同温度等温时各转变阶段的转变产物及其数量,根据组织的变化来确定过冷奥氏体等温转变的起止时间,连接代表相同物理意义的点,即得到 IT 图。

金相法可以观察到转变产物的组织形态、数量及其分布状况,准确且直观,但所需试样数量较多,耗时且麻烦。

2. 膨胀法

膨胀法是采用热膨胀仪测量过冷奥氏体在不同温度等温时比体积的变化来确定过冷奥氏体等温转变的起止时间。图 3-2 所示为热膨胀仪记录的过冷奥氏体在等温转变时膨胀量与时间的关系曲线。图中 bc 段表示过冷奥氏体纯冷却收缩阶段,cd 段表示等温转变前的孕育期,d 点表示转变开始,e 点表示转变终了。因此,可利用各等温温度的膨胀量与时间的关系曲线,确定转变开始点和转变终了点,绘制出 IT 图。

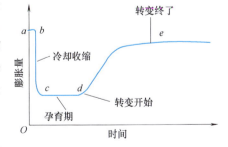

图 3-2 过冷奥氏体在等温转变时膨胀量与时间的关系曲线

膨胀法所需试样少,测量时间短,效率高,能测出过共析钢的先共析转变产物的析出线,但当膨胀曲线变化比较平缓时,转折点不易精确测出。

3. 磁性法

磁性法的测量原理是利用奥氏体为顺磁性,其转变产物如铁素体(在铁素体的铁磁性转变温度线 A_2 以下)、贝氏体和马氏体等均为铁磁性的特性,通过测量过冷奥氏体在 A_2 温度以下等温或降温过程中的磁性变化来确定转变的起止时间及转变量与时间的关系,从而绘制出 IT 图。

磁性法也不需要太多试样,测量时间短,效率高,但渗碳体的居里点为 200℃,高于该温度析出时无磁性表现,因此磁性法不能测出过共析钢中先共析产物的析出。由于珠光体和铁素体都具有铁磁性,磁性法也不能测出亚共析钢珠光体转变的开始线。

3.2.3 影响 IT 图的因素

1. 钢的成分

碳和合金元素均影响钢的 IT 图。与共析钢的 IT 图相比,非共析钢及合金钢的 IT 图在形状和转变孕育期长短等方面都有很大差异。

亚共析钢和过共析钢的过冷奥氏体在珠光体转变前将分别析出先共析铁素体和先共析渗碳体,因此,相较于共析钢的 IT 图,它们的 IT 图都分别多了一条先共析铁素体析出线和先共析渗碳体析出线,如图 3-3 所示。当然,如果过共析钢加热时实施的不是全奥氏体化,而是在 A_1 至 A_{cm} 之间进行的奥氏体化,那么其 IT 图上就不一定有先共析渗碳体的析出线。

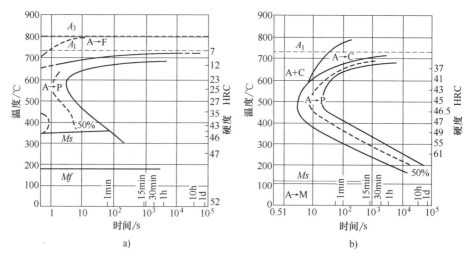

图 3-3 亚共析钢和过共析钢的 IT 图
a) 亚共析钢 b) 过共析钢

在正常加热条件下,亚共析钢的 C 曲线随钢的碳含量升高而右移,过共析钢的 C 曲线随钢的碳含量升高而左移。也就是说,在碳钢中,共析钢的 C 曲线最靠右,其过冷奥氏体最稳定。

如果合金元素(除钴外)溶于奥氏体,均增加过冷奥氏体的稳定性,使 C 曲线右移。图 3-4、图 3-5 分别为镍、锰对 IT 图的影响。对比两图可见,锰使 C 曲线右移的作用比镍强。我国锰资源较为丰富,从提高钢的过冷奥氏体稳定性角度考虑合金钢成分时,可以用锰部分代替镍。如果碳化物形成元素溶入奥氏体中,则除了使 C 曲线右移外,还可能使过冷奥氏体的珠光体转变区和贝氏体转变区不同程度地分离。图 3-6 所示为铬对中碳钢和高碳钢 IT 图的影响。图 3-6 中铬使转变孕育期变长,随着铬含量的升高,珠光体转变 C 曲线向高温方向移动。贝氏体转变 C 曲线向低温方向移动。由于铬对贝氏体转变的推迟作用大于对珠光体转变的推迟作用,当铬含量足够高时,可使珠光体转变 C 曲线和贝氏体转变 C 曲线完全分离。如果溶入奥氏体的合金元素不止一种,而是几种同时加入钢中,则情况比较复杂,但一般来说可更显著地推迟过冷奥氏体的转变。

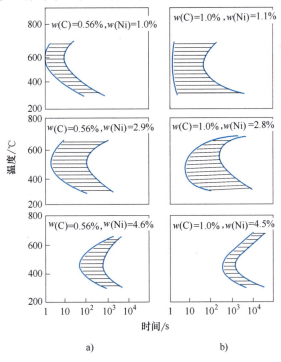

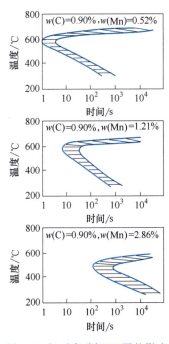

图 3-4　镍对中碳钢和高碳钢 IT 图的影响
a) $w(C) = 0.56\%$　b) $w(C) = 1.0\%$

图 3-5　锰对高碳钢 IT 图的影响

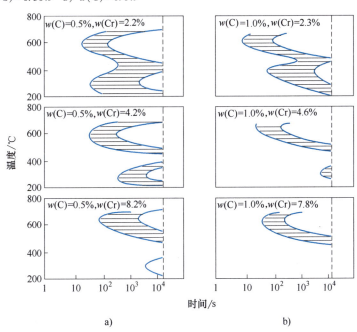

图 3-6　铬对中碳钢和高碳钢 IT 图的影响
a) $w(C) = 0.5\%$　b) $w(C) = 1.0\%$

如果合金元素没有溶入奥氏体，而是以未溶碳化物或夹杂物等形式存在，则通常可起到非均匀形核核心的作用，促使过冷奥氏体发生转变，使 C 曲线左移。

2. 奥氏体化条件

钢在奥氏体化时，加热温度的高低和保温时间的长短都会影响到奥氏体的晶粒大小和成分均匀程度。奥氏体晶粒越粗大，成分越均匀，则奥氏体越稳定，过冷奥氏体发生转变时的形核率越低，C 曲线越趋于右移。如果奥氏体化时保留有未溶的第二相，则会促进过冷奥氏体的转变，使 C 曲线左移。奥氏体晶粒大小对贝氏体转变速率的影响较小。

3. 塑性变形

一般来说，塑性变形会加速铁原子和碳原子的扩散，促进过冷奥氏体向珠光体转变，使珠光体转变 C 曲线左移，可能导致珠光体转变 C 曲线和贝氏体转变 C 曲线分离。

塑性变形对贝氏体转变的影响则要分变形温度区间来看。一般来说，塑性变形在高温（800～1000℃）稳定奥氏体区进行时，会延缓贝氏体转变；塑性变形在低温（一般为450℃以下）亚稳奥氏体区进行时，由于低温形变使奥氏体中形成大量位错，可促进碳原子的扩散，从而加速贝氏体转变。

3.2.4　IT 图的基本形式

钢的成分不同，奥氏体化条件不同，所受塑性变形情况不同，其 C 曲线形状及珠光体转变区和贝氏体转变区的相互位置也可能不同，但可概括为以下几种类型：珠光体转变和贝氏体转变曲线部分重叠（图 3-7a）、珠光体转变和贝氏体转变曲线分离（图 3-7b、d）、只呈现贝氏体转变曲线（图 3-7c）、只呈现珠光体转变曲线（图 3-7e）、只析出碳化物而无其他相变（图 3-7f）。

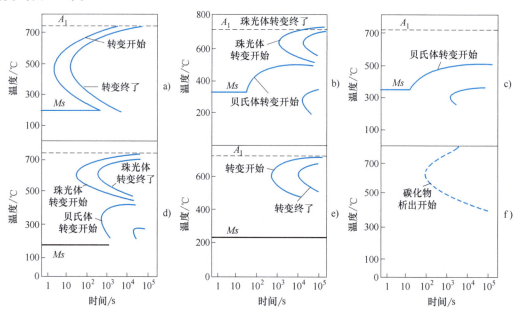

图 3-7　IT 图的基本类型

a) 碳钢和含非（或弱）碳化物形成元素的合金钢　b) 合金结构钢（如 40CrNiMoA）
c) 镍或锰含量较高的复杂合金钢（如 18Cr2Ni4WA）　d) 合金工具钢（如 Cr12MoV）
e) 高铬工具钢（如 Cr12）　f) 有碳化物析出倾向的奥氏体钢（如 45Cr14Ni14W2Mo）

3.3 过冷奥氏体的连续冷却转变

3.3.1 CT图概述

钢在热处理时的冷却转变多在连续冷却条件下进行,因此,相较于IT图而言,CT图在生产实践中有着更重要的意义。

不同钢材的CT图各不相同,一般都比较复杂。其中,共析钢的CT图最为简单,如图3-8所示。CT图也由转变开始线、转变终了线、Ms 和 Mf 线等构成。图中 v_1、v_2、v_3、…曲线表示不同冷却速率的冷却曲线。其中,冷却速率为 v_c 的冷却曲线与转变开始线相切,v_c 称为淬火临界冷却速率。若钢经奥氏体化后连续冷却时的冷却速率大于 v_c,待冷却至 Ms 点以下时,得到全部马氏体组织,因此,v_c 是保证奥氏体在连续冷却过程中不发生分解而全部过冷到马氏体区的最小冷却速率,也称为"上临界冷却速率"。CT图上还存在一个临界冷却速率,即 v_{c1}。若钢经奥氏体化后连续冷却时的冷却速率小于 v_{c1},则冷却后得到全部珠光体类组织,因此,v_{c1} 是保证奥氏体在连续冷却过程中全部发生分解而不发生马氏体转变的最大冷却速率,称为"下临界冷却速率"。

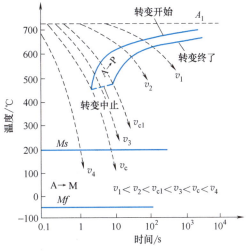

图3-8 共析钢的CT图

3.3.2 CT图的建立

测定钢CT图的常用方法有金相-硬度法、端淬法、膨胀法以及利用IT图作图和计算法等。上述方法各有优缺点,实践中往往也是几种方法配合使用。

1. 金相-硬度法

将一组待测钢的试样加热到奥氏体化温度并保温后,自奥氏体状态以一定的冷却速率冷却至指定的温度 T_1、T_2、T_3、…后立即淬入水中急冷,使高温(T_1、T_2、T_3、…)时的组织状态固定到室温,通过观察金相组织和测量硬度确定过冷奥氏体转变的开始点和终了点。然后再取另一些试样分别以不同的冷却速率重复上述操作,即可得到在各种规定冷却速率下的转变开始点和转变终了点。最后将具有相同物理意义的点连接起来,即可得到CT图。

2. 端淬法

端淬法是先将一标准试样($\phi 25mm \times 100mm$)的圆周上沿长度方向每隔一定距离钻一小孔,每个孔中焊上一热电偶。测试时先将试样进行奥氏体化,随后从炉中取出并立即在其末端喷水冷却,这样可测量出沿试样长度方向上各点的冷却速率,通过自动记录仪记录并绘出冷却曲线（图 3-9a）。再取一组标准试样（圆周表面不钻小孔）重复上述操作，在其末端经过一定时间（t_1、t_2、t_3、…）喷水冷却后迅速取下并整体淬水急冷，使试样上对应于带小孔试样相同位置各点的组织状况固定下来。然后将试样表面磨平进行金相观察，确定各点的组织转变情况（转变产物及转变量）。最后在冷却曲线上标注出组织变化，即可绘制出 CT 图（图 3-9b）。

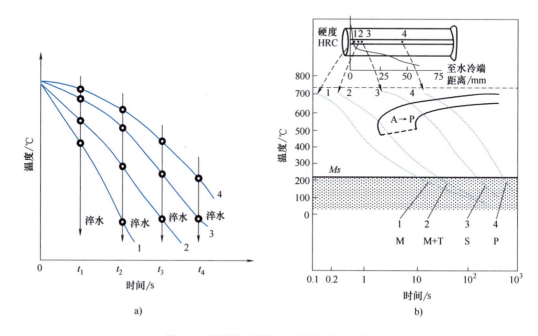

图 3-9　用端淬法测定 CT 图的原理示意图

a）试样上沿长度方向上各点的冷却曲线　b）绘制 CT 图的说明

3. 膨胀法

膨胀法测试时，先将试样加热奥氏体化，然后迅速置于不同冷却速率的介质中冷却，同时利用热膨胀仪进行膨胀量的测定，得到膨胀曲线。把膨胀曲线上的有关转折点，即表示过冷奥氏体转变开始点和转变终了点记录在"温度-时间"坐标图上，并观察冷却后的金相组织，然后将具有相同物理意义的点连接起来，就可得到 CT 图。

3.3.3　CT 图的分析

由图 3-8 可知，共析钢在连续冷却条件下不发生贝氏体转变，CT 图上只有珠光体转变区和马氏体转变区。其中，珠光体转变区由珠光体转变开始线、珠光体转变终了线和珠光体转变中止线构成。当共析钢奥氏体化后，若冷却速率低于 v_{c1}，当冷却曲线与转变开始线相交时，过冷奥氏体开始向珠光体转变，直至冷却曲线与转变终了线相交，珠光体转变结束，过冷奥氏体全部转变为珠光体；若冷却速率高于 v_c，则冷却曲线不与珠光体转变开始线相交，即过冷奥氏体不发生珠光体转变而全部过冷到马氏体转变区，发生马氏体转变；当冷却速率介于 v_c 和 v_{c1} 之间（如 v_3）时，冷却曲线与珠光体转变开始线相交，与转变中止线相交，但不与珠光体转变终了线相交，这意味着过冷奥氏体仅发生了部分珠光体转变就中止了，剩余过冷奥氏体在继续冷却至 Ms 点以下时将发生马氏体转变。

与共析钢 CT 图相比，亚共析钢和过共析钢的 CT 图上分别出现了铁素体析出区（图 3-10a）和渗碳体析出区（图 3-10b）。对于亚共析钢，先共析铁素体析出量随冷却速率的增大而减少。亚共析钢的过冷奥氏体在一定冷却速率范围内冷却时，可形成贝氏体，在贝氏体转变区的 Ms 线右端会向下倾斜。将亚共析钢奥氏体化后，分别按照①、②、③冷却曲线冷却时，室温获得的组织分别为铁素体+珠光体、铁素体+极细珠光体（托氏体）+贝氏体+马氏体+少量残留奥氏体、铁素体+贝氏体+马氏体+少量残留奥氏体。对于过共析钢，先

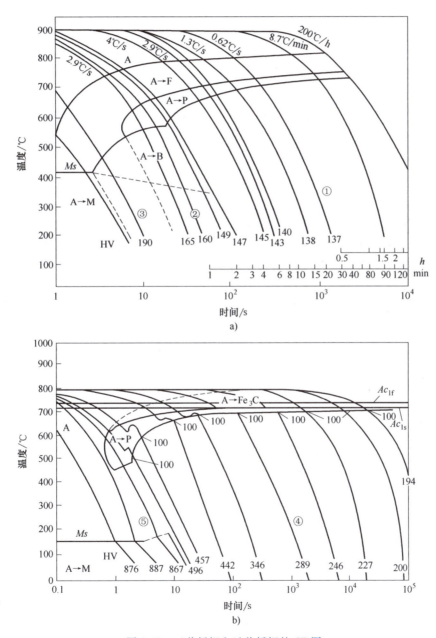

图 3-10 亚共析钢和过共析钢的 CT 图

a) $w(C) = 0.19\%$，奥氏体化温度为 900℃ b) $w(C) = 1.03\%$，奥氏体化温度为 860℃

共析渗碳体的析出量随冷却速率的增大而减少。在过共析钢的 CT 图中没有贝氏体形成区，这点与共析钢的 CT 图相似。过共析钢 CT 图上的 Ms 线右端会向上倾斜。将过共析钢奥氏体化后，分别按照④、⑤冷却曲线冷却时，室温获得的组织分别为渗碳体+珠光体、极细珠光体（托氏体）+马氏体+少量残留奥氏体。

3.4 过冷奥氏体转变图的比较和应用

3.4.1 IT 图与 CT 图的比较

IT 图与 CT 图均采用"温度-时间"半对数坐标，可以将两类图形叠绘在相同的坐标轴上进行比较，如图 3-11 所示。图 3-11 中共析钢的 CT 曲线位于 IT 曲线右下方，表明连续冷却时过冷奥氏体开始转变的温度要比等温转变时更低，所需的孕育期也更长。连续冷却可视为由许多个在不同温度下的微小等温过程组成。

共析钢采用等温冷却时，过冷奥氏体向珠光体转变的开始温度和结束温度相同，转变结束后获得的珠光体片层间距一致，是均匀的组织。共析钢采用连续冷却时，过冷奥氏体向珠光体转变的开始温度和结束温度是不同的，即转变不同阶段过冷奥氏体的过冷度不同，转变结束后得到的珠光体片层间距是不均匀的，且冷却速率越快，这种不均匀程度越大。

由图 3-11 还可以看出，共析钢连续冷却时没有贝氏体转变，等温冷却时有贝氏体转

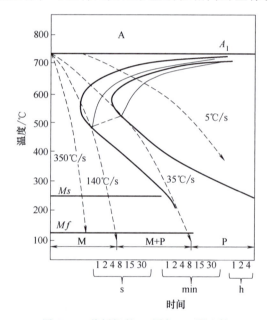

图 3-11 共析钢的 IT 图与 CT 图比较

变，反映在曲线形状上就是 CT 曲线只有两个半"C"，而 C 曲线则有两个完整的"C"。因此，简单地用 IT 图来估计连续冷却时的转变过程是不精确的，甚至可能误判，需要进一步进行相应的试验验证。以认真、严谨的态度确保获得工艺结果的准确性，是每一位科研工作者及工程师应有的责任。

3.4.2 IT 图与 CT 图的应用

钢的 IT 图和 CT 图是合理制定热处理工艺参数，发展热处理新工艺的重要依据，在分析研究钢材在不同热处理条件下的金相组织和力学性能，合理选用钢材等方面具有重要的参考价值，因此在生产实践和科学研究方面应用广泛。

1. 确定临界冷却速率

钢的淬火临界冷却速率（v_c）是选择淬火冷却介质的主要依据，可以用 CT 图确定，也

可以通过 IT 图修正来确定。利用钢的 IT 图确定钢的淬火临界冷却速率 v_c 时，可在 IT 图上叠绘一条与 IT 曲线"鼻尖"相切的冷却曲线 v'_c，如图 3-12 所示，则 v'_c 为临界温度 A_1 到"鼻尖"温度 t_m 的平均冷却速率（℃/s），即

$$v'_c = \frac{A_1 - t_m}{\tau_m} \tag{3-1}$$

式中，τ_m 为鼻尖处的孕育期（s）。由于过冷奥氏体连续冷却转变曲线总是位于等温转变曲线的右下方，其孕育期更长，所以利用 IT 图求得的淬火临界冷却速率值需要进行修正。实践经验表明，引入修正系数 1.5，可得到实际连续冷却条件下的淬火临界冷却速率 v_c（℃/s），即

$$v_c = \frac{A_1 - t_m}{1.5 \tau_m} \tag{3-2}$$

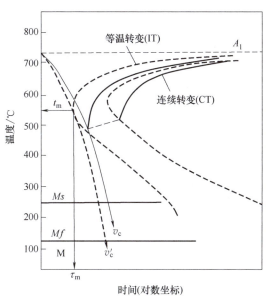

图 3-12 确定钢的淬火临界冷却速率（v_c）示意图

2. 分析转变产物及预测性能

利用钢的 IT 图和 CT 图可以分别预测过冷奥氏体等温冷却和连续冷却条件下的转变过程，分析出不同冷却条件下得到的转变产物及其力学性能（如硬度等）。若只有 IT 图而没有 CT 图时，可以把已知的冷却曲线叠绘在 IT 图上，根据冷却曲线与 C 曲线的交点，近似地推断出连续冷却条件下过冷奥氏体的转变过程及其转变产物。图 3-13 所示为 50CrV4（国内牌号 50CrVA）钢的 IT 图、CT 图及其在不同冷却条件下的组织转变产物和硬度值。

3. 制定热处理工艺规程

钢的 IT 图和 CT 图可以直接用来确定钢的有关热处理工艺规程。例如，利用 IT 图确定钢的等温退火工艺所需的等温温度和等温时间，并预估等温退火后的相应组织；利用 IT 图确定钢在慢冷（普通退火）时大致的转变温度范围和所需的冷却时间；利用 IT 图确定钢在

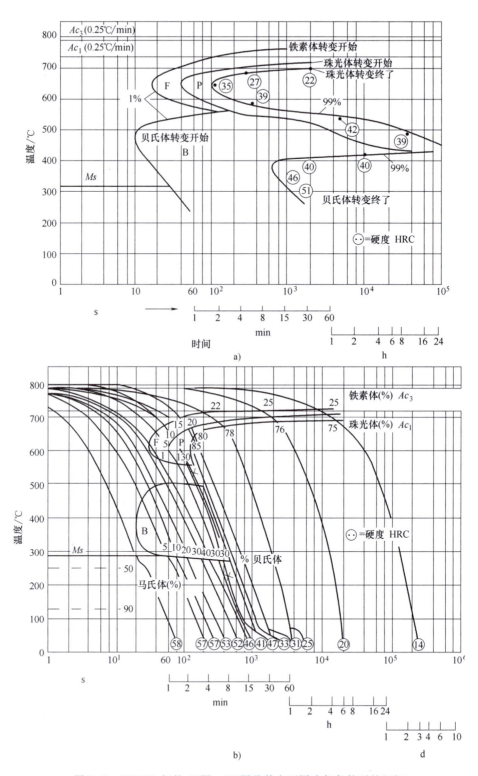

图 3-13 50CrVA 钢的 IT 图、CT 图及其在不同冷却条件下的组织转变产物和硬度值（奥氏体化温度为 880℃）

a) IT 图　b) CT 图

分级淬火工艺中的停留温度和时间，也可确定等温淬火工艺中的等温温度范围和时间；利用 CT 图确定钢的过冷奥氏体在一定冷却速率下得到的组织和相应的力学性能。

4. 改型 CT 图的使用

实际进行热处理操作时，可能无法准确掌握冷却速率的大小，直接用 CT 图来确定过冷奥氏体冷却后的组织和性能就不是很方便。近年来，英国钢铁公司将 CT 图的横坐标改为以棒材直径代替时间，纵坐标依然为温度，这种 CT 图称为改型 CT 图。

图 3-14 所示为普通碳钢（$w(C) = 0.38\%$）的改型 CT 图。其横坐标分别表示空冷、油冷和水冷时某一已知直径的棒材在其中心所预期获得的组织。由图 3-14 可见，棒材直径为 10mm 时，空冷条件下棒材中心将得到铁素体、珠光体和少量贝氏体，油冷时棒材中心将得到贝氏体和马氏体的混合组织，水冷时棒材中心将得到马氏体。图 3-15 所示为 0.4C-0.65Cr-0.55Mo-2.55Ni 合金钢的改型 CT 图。由图 3-15 可知，棒材直径为 10mm 时，采用空冷就能使棒材中心得到全部马氏体。当棒材直径为 150mm 时，采用油冷可使棒材中心得到全部马氏体，水冷时能够淬透的直径更大。因此，根据改型 CT 图可以得出获得马氏体组织的棒材直径及所需要的冷却介质。

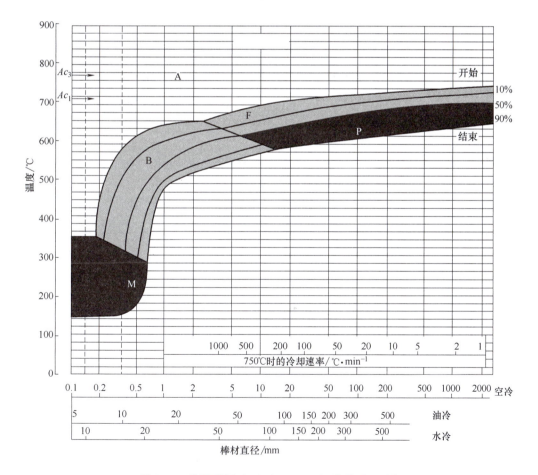

图 3-14　普通碳钢（$w(C) = 0.38\%$）的改型 CT 图

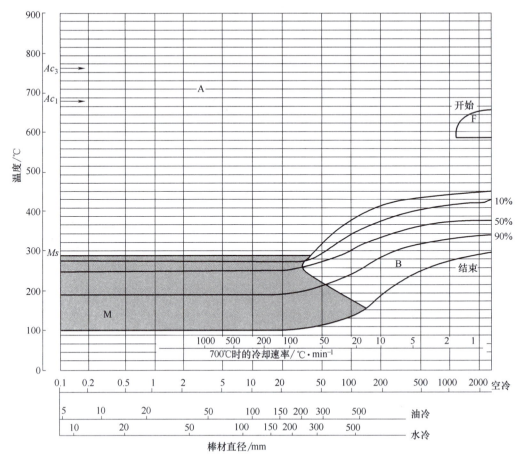

图 3-15　0.4C-0.65Cr-0.55Mo-2.55Ni 合金钢的改型 CT 图

习　题

1. 什么是钢的 IT 图和 CT 图？
2. 影响 IT 图的主要因素有哪些？如何影响？
3. 简述 IT 图和 CT 图在热处理中的应用。
4. 什么是淬火临界冷却速率？如何用 IT 图来进行估算？
5. 上临界冷却速率和下临界冷却速率分别表示什么意义？
6. 钢的 CT 曲线为何总是在其 IT 曲线的右下方？

Chapter 4

第4章

珠光体转变

珠光体转变通常是指钢铁材料中过冷奥氏体在高温区发生的共析转变，即由单相奥氏体同时转变为铁素体和渗碳体两相混合组织的过程。对于共析钢，转变温度通常在 $A_1 \sim 550$℃。由于转变温度较高，铁原子和碳原子都可以进行长程扩散并完成结构重组，因此珠光体转变是一种典型的扩散型相变。实际生产中，珠光体转变通常发生在钢铁材料缓慢冷却至室温的过程中，需要在转变温度区间保温或长时间停留才能发生。借鉴钢铁材料珠光体转变的概念，一些其他金属材料发生的共析转变也被称作珠光体转变。

4.1 珠光体的定义和组织形貌

4.1.1 珠光体的定义

一般认为，珠光体是奥氏体发生共析转变所形成的铁素体与渗碳体的整合组织或机械混合组织。片状珠光体是铁素体薄片和渗碳体薄片交替排列的层状双相组织，金相形貌如图 4-1 所示。球状珠光体是铁素体基体上分布着颗粒状或球状渗碳体的双相组织，也称为粒状珠光体，金相形貌如图 4-2 所示。两种珠光体均用符号 P 表示（珠光体英文名称 Pearlite 的首字母）。准平衡状态生成的珠光体碳含量为 0.77%（质量分数），铁素体和渗碳体的质量

图 4-1 碳钢（$w(C)=0.75\%$）炉冷后获得的片状珠光体形貌（拍摄倍数 500×，因图片经历过缩放，书中呈现的倍数与拍摄时并不一样，余同）

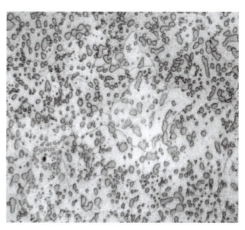

图 4-2 碳钢（$w(C)=1.0\%$）经处理后获得的球状珠光体形貌（500×）

分数分别为88%和12%。当冷却速率较快或奥氏体成分偏离共析成分太远时，珠光体中的碳含量、组织占比、组织形态可能会出现不同。

相比于钢中其他组织的名称，珠光体显得生动形象。片状珠光体非常容易被腐蚀，铁素体耐蚀性更差，腐蚀后观察金相时，表面留下一排一排平行的渗碳体片，形成局部具有一定位向、细微的、有规律的表面浮雕形貌。这种形貌类似光栅，反射的光线会相互干涉，进而产生一种薄膜干涉成色效果，使表面呈现珠母贝壳似的光泽，珠光体因此得名。现在的光学显微镜普遍装有滤光片，为单色光成像，在拍摄照片时通常会处理成黑白照片，因此文献中的珠光体已经看不出贝壳似的光泽了。

4.1.2 珠光体的组织形貌

通常情况下，过冷奥氏体等温处理或连续冷却得到的均是片状珠光体。球状珠光体只有经过特殊处理才能得到。

1. 片状珠光体

片状珠光体是钢铁材料中主要的珠光体类型。若干大致平行的铁素体片和渗碳体片组成的一个区域叫珠光体领域（Pearlite Colony）或者珠光体团（Pearlite Group）。通常一个奥氏体晶粒内可以形成3~5个珠光体团，相邻珠光体团片层的朝向是不同的，并且一般不会出现片层朝向相同、跨越2个奥氏体晶粒的珠光体团。片状珠光体中相邻渗碳体片或铁素体片之间的距离称为珠光体片层间距，用 S_0 表示。当然，S_0 也等于相邻的铁素体片和渗碳体片的厚度之和。图4-3所示为珠光体团和珠光体片层间距示意图。

片层间距是衡量片状珠光体组织粗细的重要指标。通常珠光体转变温度越低，即转变时的过冷度越大，碳原子扩散能力越弱，不能长距离迁移，只能形成片层间距更小的珠光体。共析钢的珠光体片层间距 S_0 与过冷度 ΔT 之间的关系可用经验公式 $S_0 = C/\Delta T$ 表达，其中 C 表示与成分有关的常数。这一关系仅在过冷度较小时才比较严格，过冷度较大时会产生偏离。实际测量珠光体片层间距时，由于渗碳体片很难垂直于金相照片的拍摄平面，使得金

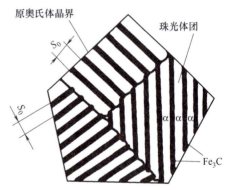

图4-3 珠光体团和珠光体片层间距示意图

相二维照片中显示的片层间距往往大于实际的片层间距。因此，当需要精确测量片层间距时，应使用原子力显微镜等能够测量三维形貌的设备。

根据珠光体片层间距的不同，生产实践中将片状珠光体分为珠光体（Pearlite，记为P）、索氏体（Sorbte，记为S）和托氏体（Troostite，也称作屈氏体，记为T）。图4-4所示为使用透射电镜观察到的珠光体形貌。在光学显微镜下能明显分辨出片层组织的称为珠光体[一]，强调片层间距时也称作粗片珠光体。珠光体的形成温度较高，在 A_1~650℃，片层间距较大，为150~450nm；索氏体形成温度较低，在600~650℃，片层间距为80~150nm，500倍光学显微镜已难以分辨出片层形态；托氏体形成温度更低，在550~600℃，片层间距

[一] 珠光体这个名词分为广义和狭义，广义珠光体指本章所讲的珠光体转变得到的组织，狭义珠光体专指粗片珠光体。

为 30~80nm，只有在电子显微镜下才能分辨出片层形态。常见的热处理或实际生产中，托氏体很难生成，通常也不是想要获得的目标组织，而是为获得马氏体或贝氏体时由于冷却速率过慢从 C 曲线鼻尖擦过所得。

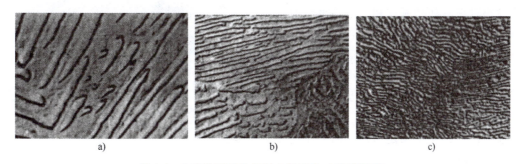

图 4-4　珠光体形貌的透射电镜照片（碳膜覆型）
a）珠光体（3800×）　b）索氏体（8000×）　c）托氏体（8000×）

2. 球状珠光体

球状珠光体一般是通过特定温度下长时间保温处理等方式获得的。球状珠光体中渗碳体的多少取决于钢中的碳含量，渗碳体颗粒的大小、形状与分布均与所采用的热处理工艺有关。当碳含量相同时，球状珠光体的硬度会明显小于片状珠光体，因此生产中常以获得球状珠光体来改善材料的切削性能。

需要注意的是，在缓冷情况下，只有共析成分的奥氏体才能得到全片状珠光体的组织。但是球状珠光体中渗碳体是以颗粒形式存在的，因此，在碳含量非常广的范围内都可以获得全球状珠光体的组织，如图 4-2 所示就是碳含量为 1.0%（质量分数）的过共析钢得到的球状珠光体组织。但随着碳含量降低，球状珠光体中铁素体基体上分布的碳化物总体积分数会减少。

4.2　珠光体转变机理

4.2.1　珠光体的形成机制

珠光体转变的驱动力是珠光体与奥氏体的自由能差。由于珠光体转变温度较高，碳原子和铁原子均能够长距离扩散，且珠光体是在奥氏体晶界形核的，形核所需的驱动力较小，因此在较小的过冷度下即可发生珠光体转变。

以共析钢为例，珠光体转变时，共析成分的奥氏体将转变为铁素体和渗碳体的双相组织，这一反应可用下式表示：

$$\gamma_{(w(C)=0.77\%)} \rightarrow \alpha_{(w(C)=0.0218\%)} + Fe_3C_{(w(C)=6.69\%)}$$

可见，珠光体的形成包含两个过程：一是点阵的重构，即由面心立方的奥氏体转变为体心立方的铁素体和正交点阵的渗碳体；二是通过碳的扩散使成分发生改变，即由共析成分的奥氏体转变为低碳的铁素体和高碳的渗碳体。

1. 片状珠光体的形成

珠光体转变是通过形核和长大进行的。有研究认为珠光体转变具有领先相，也有研究认为珠光体转变不存在领先相,是共析共生的过程。一般认为,亚共析钢的领先相通常是铁素体,过共析钢的领先相通常是渗碳体,过冷度小时渗碳体是领先相,过冷度大时铁素体为领先相。如果共析钢的领先相是渗碳体,珠光体形成时渗碳体晶核通常优先在奥氏体晶界上形成,如图 4-5 所示。这是因为晶界在晶体结构、化学成分以及能量等方面均不同于晶粒内部,缺陷较多,能量较高,原子易于扩散,易于满足形核的需要。由于薄片状晶核的应变能小,且表面积大,容易接受碳原子,所以渗碳体核初形成时为一小薄片,如图 4-6a 所示。

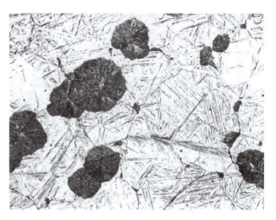

图 4-5 珠光体刚刚形核长大时的金相形貌（250×）
（黑色为刚生成的珠光体,白色为未转变的奥氏体快速冷却后形成的马氏体）

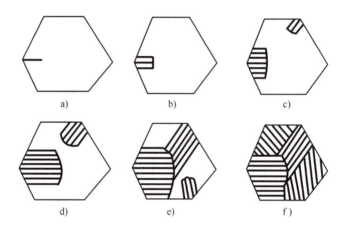

图 4-6 片状珠光体形成过程示意图

渗碳体核长大时,将从周围奥氏体中吸取碳原子而使周围出现贫碳奥氏体区。在贫碳奥氏体区中将形成铁素体核,同样,铁素体核也最易在渗碳体两侧的奥氏体晶界上形成（图 4-6b）。在渗碳体两侧形成铁素体核以后,已经形成的渗碳体片就不可能再向两侧长大,而只能向纵深发展,长成片状。新形成的铁素体除了随渗碳体片向纵深方向长大外,也将向侧面长大。长大的结果是在铁素体侧面又将出现奥氏体的富碳区,在富碳区的奥氏体中又可以形成新的渗碳体核（图 4-6c）。如此沿着奥氏体晶界不断交替地形成渗碳体与铁素体晶核,并不断平行地向奥氏体晶粒纵深方向长大,就得到了片层大致平行的珠光体团（图 4-6d）。在第一个珠光体团形成的过程中,有可能在奥氏体晶界的另一个地点,或是在已经形成的珠光体团的边缘上,形成新的另一取向的渗碳体核,并由此而形成一个新的珠光体团（图 4-6e）。当各个珠光体团相互完全接触时（图 4-6f）,珠光体转变结束,得到全部片状珠光体组织。

2. **球状珠光体的形成**

形成球状珠光体的条件是保证渗碳体的形核在奥氏体晶内进行。要达到这一条件,就需要特定的奥氏体化工艺或特定的冷却工艺。通常需要奥氏体化温度很低（一般仅比 Ac_1 高 $10\sim20$℃），保温时间较短，冷却速率极慢（一般小于 20℃/h），或者奥氏体化后（比 Ac_1 高 $10\sim20$℃）冷却至足够高的温度（一般仅比 Ac_1 低 $20\sim30$℃），等温足够长时间。上述两种工艺分别对应普通球化退火和等温球化退火。

正是由于奥氏体化温度低，加热保温时间又短，使得加热转变不能充分进行，得到的组织为奥氏体以及许多未溶的残留碳化物或许多微小的碳富集区。这时的残留碳化物已经不是片状的，而是断开的、趋于球状的颗粒状碳化物。当冷却至 Ar_1 以下附近等温或继续以非常缓慢的速率冷却时，未溶解的残留粒状渗碳体便是现成的渗碳体晶核，富碳区也将形成新的渗碳体晶核。此时的渗碳体晶核与在奥氏体晶界形成的晶核不同，它可以向四周长大，最终长成球状渗碳体。在球状渗碳体四周则出现低碳奥氏体，其通过形核长大协调地转变为铁素体，最终形成颗粒状渗碳体分布在铁素体基体中的球状珠光体。

如果加热前的原始组织为片状珠光体，则在加热过程中片状渗碳体有可能自发地发生破裂和球化。因为片状渗碳体的表面积大于同样体积的粒状渗碳体，从能量考虑，渗碳体的球化是一个自发的过程。根据吉布斯-汤姆斯（Gibbs-Thomson）定律，第二相粒子的曲率半径越小，溶解度越高。片状渗碳体中由于亚晶界等缺陷的存在，会产生向内伸入的尖角，如图 4-7 所示，尖角处曲率半径小，溶解度高于平面处的溶解度，使得与渗碳体尖角接壤处的周围基体碳含量大于与平面接壤处的基体碳含量，在基体内形成碳的浓度梯度，引起碳的扩散。扩散的结果破坏了界面上碳浓度的平衡，为了恢复平衡，渗碳体尖角处将进一步溶解，渗碳体半面将向外长大。如此不断进行，最后形成各处曲率半径相近的粒状渗碳体。此时，两段渗碳体之间的界面能（γ_{Fe_3C/Fe_3C}）与渗碳体/基体（基体以铁素体为主）的界面能（$\gamma_{Fe_3C/\alpha}$）达到平衡，形态处于相对稳定的状态。在 Ac_1 温度上下加热、保温、冷却或等温过程中，上述渗碳体球化过程一直都在自发地进行。

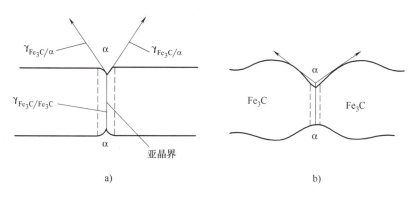

图 4-7 片状渗碳体断裂、球化机制示意图
a）球化前片状渗碳体缺陷处的界面能关系 b）球化过程中片状渗碳体的形态变化和界面能关系

低温球化退火获得的球状珠光体就是按照图 4-7 所示机理进行的。所谓低温球化退火就是将钢件加热到 Ac_1 以下 20℃ 左右，长时间保温后缓冷或空冷至室温，以获得球状珠光体的热处理工艺。低温球化退火并不经过奥氏体化和珠光体转变过程，它是在 Ac_1 以下附近长时间等温，使片状珠光体直接自发地转变为球状珠光体。这种珠光体通常被称作退化珠光体，这种处理方式常用于中高碳钢的软化，以便于后续切削等冷加工过程。

4.2.2 亚（过）共析钢的先共析转变和珠光体转变

准平衡状态下，只有共析钢能够得到全珠光体组织。通常情况下，非共析钢（亚共析钢和过共析钢）的珠光体转变与共析钢基本相似，只不过在珠光体转变之前会发生先共析相的析出（称为先共析转变），冷却速率大时还会发生伪共析转变。常见的钢种普遍都偏离共析成分，因此明确先共析转变具有很重要的现实意义。

图 4-8 所示为 Fe-Fe$_3$C 相图的左下角。图中 SG' 为 GS 的延长线，SE' 为 ES 的延长线。GSG' 和 ESE' 两线将相图左下角划分为四个区域，即奥氏体单相区 GSE、伪共析转变区 $G'SE'$、先共析铁素体析出区 GSE'、先共析渗碳体析出区 ESG'。非共析钢完全奥氏体化后冷至 GSE' 或 ESG' 区域，将析出先共析相，待奥氏体进入 $E'SG'$ 区时将发生珠光体转变，从奥氏体中同时析出铁素体和渗碳体。

1. 亚共析钢中先共析铁素体的析出

亚共析钢完全奥氏体化后如被冷却到 GSE' 区，将有先共析铁素体析出，如图 4-8 中的合金Ⅰ。随着温度的降低，铁素体的析出量逐渐增多，当温度降至 T_2 时，先共析相停止析出。

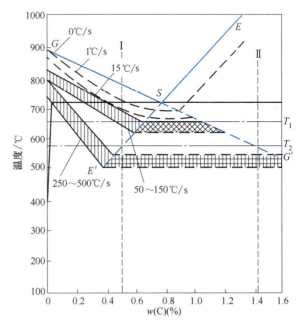

图 4-8 先共析区和伪共析转变区示意图

先共析铁素体的析出也是一个形核和长大的过程，并受碳在奥氏体中的扩散所控制。先共析铁素体的晶核大都在奥氏体晶界上形成，如图 4-9 所示，晶核与一侧的奥氏体晶粒存在共格关系，两者之间为共格界面，但与另一侧的奥氏体晶粒无位向关系，两者之间是非共格界面。当然，在同一个奥氏体晶界上形成的另一个铁素体晶核，可能与两侧奥氏体晶粒的界面结构正好相反。晶核形成后，与其接壤的奥氏体的碳含量将增加，在奥氏体内形成浓度梯度，引起碳的扩散，导致界面上碳浓度的平衡被破坏。为了恢复平衡，必须从奥氏体中继续析出低碳铁素体，从而使铁素体不断长大。

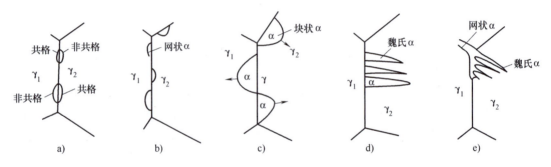

图 4-9 先共析铁素体形成示意图

析出的先共析铁素体量取决于奥氏体的碳含量和冷却速率。奥氏体的碳含量越高，冷却速率越快，析出的先共析铁素体量越少。先共析铁素体的长大方式受钢的化学成分、奥氏体晶粒大小以及冷却速率的影响也各不相同，因而表现出各种不同的先共析铁素体形态，即块状（又称为等轴状，图4-10）、网状（图4-11）和片状（图4-12）。一般认为，块状铁素体和网状铁素体都是由铁素体晶核的非共格界面推移而长成的，片状铁素体则是由铁素体晶核的共格界面推移而长成的。

图4-10　块状铁素体与珠光体（500×）

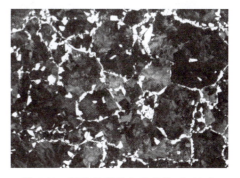

图4-11　网状铁素体与珠光体（200×）

块状铁素体的形貌趋于等轴状，它可以在奥氏体晶界或晶内形成。当亚共析钢的奥氏体碳含量较低时，先共析铁素体大都呈等轴块状。这种形态的铁素体往往是在温度较高、冷却速率较慢的情况下形成的，因为此时非共格界面迁移比较容易，铁素体将向奥氏体晶粒（此晶粒与铁素体无位向关系）一侧长大成球冠状，最后长成等轴状，如图4-9c所示。

网状铁素体是由铁素体沿奥氏体晶界择优长大而形成的，这种铁素体可以是连续的网状，也可以是不连续的网状。如果亚共析钢的奥氏

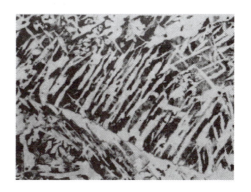

图4-12　片状铁素体与珠光体（500×）

体碳含量较高，当奥氏体晶界上的铁素体长大并连成网时，剩余奥氏体的碳含量可能已经增加到接近共析成分，进入 $E'SG'$ 区后奥氏体将转变为珠光体，于是就形成了铁素体呈网状分布的形态，如图4-9b所示。

片状铁素体一般为平行分布的针状或锯齿状，这种铁素体常被称为魏氏铁素体（图4-9d和e），它是通过共格界面的推移而形成的。魏氏组织的特征与形成机理将在4.2.3节进行阐述。

2. 过共析钢中先共析渗碳体的析出

与亚共析钢类似，过共析钢加热到 Ac_{cm} 以上完全奥氏体化后，过冷到 ESG' 区域时将析出先共析渗碳体，如图4-8中的合金Ⅱ。先共析渗碳体的组织形态可以是粒状、网状（图4-13）、针状（图4-14）。在奥氏体晶粒粗大、成分均匀的情况下，先共析渗碳体的形态呈粒状的可能性很小，一般均呈针状（立体形状实际为片状，下同）或网状。

渗碳体是硬脆相，先共析渗碳体往往边界平直，看不到渗碳体晶粒之间的晶界，并且内

图 4-13 网状渗碳体与珠光体（200×）

图 4-14 针状渗碳体与珠光体（500×）

部通常无杂质出现，颜色均匀，这是区分网状或针状先共析渗碳体与先共析铁素体的重要方法。

4.2.3 魏氏组织

魏氏组织是一种沿母相特定晶面析出的针状组织，由奥地利矿物学家 A. J. Widmanstatten 于 1808 年在铁-镍陨石中发现的，因此魏氏组织可用 W 表示。钢中的魏氏组织是由针状先共析铁素体或渗碳体及其间的珠光体组成的复相组织。魏氏组织中的先共析铁素体被称为魏氏铁素体（图 4-12），魏氏组织中的先共析渗碳体被称为魏氏渗碳体（图 4-14）。从奥氏体中直接析出的针状先共析铁素体被称为一次魏氏铁素体（图 4-9d），从网状铁素体中长出的针状铁素体被称为二次魏氏铁素体（图 4-9e）。

魏氏组织薄片依附于母相形核的晶面，被称为惯习面。魏氏铁素体的惯习面为 $\{111\}_\gamma$，与母相奥氏体的位向关系为 $\{110\}_\alpha // \{111\}_\gamma$、$<111>_\alpha // <110>_\gamma$。魏氏渗碳体的惯习面为 $\{227\}_\gamma$，与母相奥氏体的位向关系为 $\{001\}_{Fe_3C} // \{311\}_\gamma$、$<111>_{Fe_3C} // <112>_\gamma$。魏氏组织的形成条件与钢的化学成分、过冷度及奥氏体晶粒度有关。对碳钢而言，形成魏氏组织的条件如图 4-15 所示。

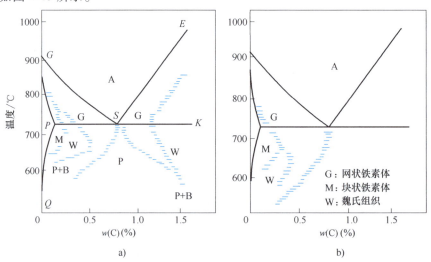

图 4-15 形成魏氏组织的条件
a) 奥氏体晶粒度为 0~1 级的粗晶粒 b) 奥氏体晶粒度为 7~8 级的细晶粒

由图 4-15 可见，无论奥氏体晶粒大小，只有当钢中碳含量为 0.2%～0.4%（质量分数）时，并在适当的过冷度下，才能形成魏氏组织（W）。当碳含量大于 0.4%（质量分数）时主要形成网状铁素体（G），碳含量低于 0.2%（质量分数）时则主要形成块状铁素体（M）。魏氏组织的形成有一个上限温度（Ws 点），即高于此温度时魏氏组织不能形成。钢的碳含量对 Ws 点的影响规律与其对 GS 线及 ES 线的影响相似，即越接近共析成分，Ws 点越低。比较图 4-15a 和 b 发现，奥氏体晶粒越粗大，Ws 点越高，魏氏组织越容易形成。这是因为奥氏体晶粒越大，晶界越少，在晶界析出的铁素体数量越少，剩余的奥氏体所富集的碳也越少，越有利于魏氏组织铁素体的形成。同时，奥氏体晶粒越粗大，网状铁素体析出后剩余的空间也越大，给魏氏组织铁素体的形成创造了条件。因此，魏氏组织常常出现在过热的钢中。反之，当奥氏体晶粒较细小（如 7～8 级）时，形成魏氏组织的可能性减小，尤其是渗碳体形成魏氏组织的倾向大大降低，甚至不会出现。此外，钢中合金元素的种类和含量也会对魏氏组织的形成产生影响。例如，钢中加入锰时，会促进魏氏组织的形成，加入钼、铬、硅等则会阻碍魏氏组织的形成。

显然，只有某些特定成分的钢种在奥氏体晶粒过于粗大、且在一定冷却速率时才会生成魏氏组织。在实际生产中，如果铸件在铸造后砂冷或空冷，锻件（或热轧件）在锻造（或热轧）后砂冷或空冷，焊接件的焊缝（或热影响区）在焊后空冷，热处理件加热温度过高继而以一定速率冷却时，都极易出现魏氏组织。因此，魏氏组织的出现通常都标志着原材料或零件经历了异常过热。魏氏组织通常是有害的，会严重降低塑韧性，应尽量避免魏氏组织的出现。

4.2.4 伪共析和离异共析

1. 伪共析转变

非共析成分的奥氏体经快冷进入 $E'SG'$ 区后将发生共析转变，即分解为铁素体与渗碳体的整合组织，这种共析转变称为伪共析转变，其转变产物称为伪共析组织，仍属于珠光体类型的组织，称为伪珠光体。如图 4-8 中的合金 Ⅰ 和 Ⅱ，当奥氏体被过冷到 T_2 温度时，合金 Ⅰ 不再析出先共析铁素体，合金 Ⅱ 不再析出先共析渗碳体，而是全部转变为珠光体类型的组织，其分解机制和分解产物的组织特征与珠光体转变完全相同，但伪珠光体中铁素体和渗碳体的相对含量与共析成分的珠光体不同。奥氏体的碳含量越高，伪珠光体中的渗碳体量越多。

发生伪共析转变的条件与奥氏体的碳含量及过冷度有关。碳含量越接近于共析成分，过冷度越大，越易发生伪共析转变。从伪共析转变这一现象可知，相图展示了准平衡态下材料发生的相转变，但实际生产中的冷却速率不可能慢到准平衡态，获得的钢材组织构成通常会偏离相图计算所得。如亚（过）共析钢实际获得先共析铁素体（先共析渗碳体）及珠光体混合组织时，珠光体占比都会高于使用杠杆定理计算所得，当钢的成分接近共析点时，则有可能出现全珠光体组织，即发生伪共析。

2. 离异共析转变

当钢中碳含量明显远离共析成分或者在先共析相附近时，奥氏体冷却可能发生离异共析现象，即铁素体与渗碳体不再呈交替排列的相互促进生长，而是其中一个相依附于先共析相上长大，另一个相独立长大。在一些亚共析钢的网状先共析铁素体附近或者珠光体团的交界处,会有离异共析现象出现。球化退火过程中,依附于未溶渗碳体颗粒而析出长大的球状渗碳体也是一种典型的离异共析现象。

4.3 珠光体的力学性能

4.3.1 共析钢的力学性能

共析钢以合适的冷却速率冷却到室温可以得到全珠光体组织。珠光体中的渗碳体硬度很高,使得珠光体的硬度、强度明显高于铁素体。珠光体的硬度主要取决于渗碳体的形态和分布,也受到珠光体团大小的影响。当钢中固溶少量合金元素后,形成的合金渗碳体硬度通常更高,珠光体的硬度、强度也更高。

1. 片状珠光体的力学性能

受到外力时,铁素体片中的位错滑移至铁素体片与渗碳体片的相界面时出现塞积,位错继续滑移的难度增大。珠光体片层间距越小,位错大规模滑移越困难,珠光体的强度、硬度越高。同时,珠光体片层间距越小,渗碳体片越薄,其发生微量塑性变形的能力以及渗碳体片之间协调变形的能力越好,珠光体的塑性、韧性越好。因此,类似于细晶强化的效果,随着珠光体团直径以及片层间距的减小,珠光体的强度、硬度以及塑性、韧性均将升高。

共析钢的抗拉强度和断面收缩率随珠光体片层间距的减小而增加,如图 4-16 所示,这与表 4-1 中珠光体、索氏体、托氏体的硬度变化规律是一致的。1976 年 A. R. Marder 等还给出了珠光体片层间距与材料屈服强度之间的经验公式,即

$$R_{eL} = 139 + 46.4 S_0^{-1} \tag{4-1}$$

式中,R_{eL} 为屈服强度(MPa);S_0 为片层间距(μm)。

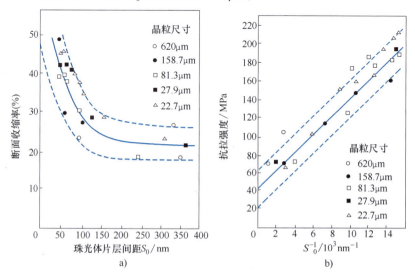

图 4-16 珠光体片层间距对共析钢力学性能的影响

a) 对断面收缩率的影响 b) 对抗拉强度的影响

表 4-1　0.84C-0.29Mn 钢经不同温度等温处理后的组织和硬度

等温温度/℃	组织	硬度　HBW
720~680	珠光体	170~250
680~600	索氏体	250~320
600~550	托氏体	320~400
550~400	上贝氏体	400~460
400~240	下贝氏体	460~560
240~室温	马氏体	580~650

如果片状珠光体是在连续冷却过程中的一定温度范围内形成的，先形成的珠光体由于形成温度较高，片层间距较大，强度较低，后形成的珠光体片层间距较小，强度较高。在外力的作用下，可能会引起不均匀的塑性变形，并导致应力集中。因此，在宏观硬度相近时，等温处理获得的珠光体的强度和塑性通常好于连续冷却获得的珠光体。

伪共析获得的全珠光体组织力学性能还取决于平均碳含量。在珠光体片层间距相当的情况下，平均碳含量越高，珠光体强度硬度越高，塑性韧性越差。

2. 球状珠光体的力学性能

球状珠光体的强度和硬度主要取决于铁素体晶粒的尺寸以及渗碳体颗粒的大小与分布。其中，铁素体晶粒的大小决定了细晶强化的效果。铁素体晶粒越细小，珠光体的强度、硬度和塑性、韧性都得到提高；渗碳体颗粒起到了析出强化作用。作为一种非共格第二相，在渗碳体总体积分数一定的前提下，渗碳体颗粒越细小，析出强化的作用越强，珠光体的强度、硬度越高，塑性、韧性略有下降。亚共析钢和过共析钢虽然都可以获得全球状珠光体组织，但钢的碳含量越高，渗碳体总量越高，球状珠光体的强度、硬度越高，塑性、韧性越低。

与片状珠光体相比，在成分相同的情况下，球状珠光体的强度、硬度稍低，塑性较好。因为当渗碳体体积一定时，球形的表面积最小，铁素体与渗碳体的相界面最少，降低了位错滑移时受到的阻力，且粒状渗碳体也更容易随铁素体基体发生协调变形，使得球状珠光体强度低、塑性好。其次，粒状渗碳体在受力后不会发生断裂并形成尖端锋锐的微裂纹，使得球状珠光体的疲劳强度也比片状珠光体高。此外，球状珠光体的可加工性及冷挤压成形性好，后续热处理时工件的变形、开裂倾向小，所以球状珠光体常常是高碳工具钢和轴承钢在切削加工前要求预先得到的组织形态。

4.3.2　亚（过）共析钢的力学性能

非共析钢是更加常见的钢种，其组织中除珠光体外，还存在先共析相。铁素体是一种强度、硬度低，塑性好的软相；渗碳体是一种硬脆相，硬度很高，但几乎没有塑性。当铁素体中固溶合金元素时，强度提高，塑性变差。当渗碳体中固溶合金元素时，硬度通常也会提高。

亚共析钢的组织通常为铁素体和片状珠光体，其力学性能是两种组织综合的结果。除考虑影响铁素体和珠光体各自力学性能的规律外，钢中碳含量越低，铁素体占比越大，强度、硬度下降，塑性提高。韧性是强度和塑性的综合指标，在一定范围内，铁素体越多，亚共析钢的韧性越好。亚共析钢的屈服强度 R_{eL} 和抗拉强度 R_m（单位均为 MPa）可由下列经验公式估算：

$$R_{eL} = 15.4\{f_\alpha^{\frac{1}{3}}[2.3+3.8(Mn)+1.13d^{-\frac{1}{2}}]+(1-f_\alpha^{\frac{1}{3}})(11.6+0.25S_0^{-\frac{1}{2}})+4.1(Si)+27.6(N)^{\frac{1}{2}}\} \quad (4-2)$$

$$R_m = 15.4\{f_\alpha^{\frac{1}{3}}[16+74.2(N)^{\frac{1}{2}}+1.18d^{-\frac{1}{2}}]+(1-f_\alpha^{\frac{1}{3}})(46.7+0.23S_0^{-\frac{1}{2}})+6.3(Si)\} \quad (4-3)$$

式中，f_α 为铁素体的体积分数（%）；d 为铁素体晶粒的平均直径（mm）；S_0 为珠光体的平均片层间距（mm）；各元素符号表示其质量分数。上述公式仅为经验公式，具体系数或常数随钢种和冷却条件而变化。

式（4-1）~式（4-3）所示的经验公式对科研和生产都具有重要的指导意义。经验公式都是通过大量实验数据拟合得到的，这种获得经验公式的方法是科学研究的常见手段。通常情况下，在已知试验现象背后的物理含义时，都是先构建符合物理规律的公式结构，然后代入实验数据，拟合得到各参数的系数，进而获得经验公式。当不清楚试验现象背后的物理含义时，人们首先进行单纯的数学拟合，拟合精度足够高时，得到的经验公式往往能够启发人们获得这些试验现象背后的物理含义。这种研究方法也正是"实践→理论→实践"这一方法论在科研领域的生动体现。

过共析钢的组织通常为渗碳体和片状珠光体。随着碳含量提高，过共析钢的硬度上升，塑性、韧性下降。应用较广泛的过共析钢中碳含量普遍在 0.8%~1.2%（质量分数），先共析渗碳体会沿奥氏体晶界呈网状析出，严重破坏钢的塑性变形能力，导致钢的强度显著下降。因此，过共析钢的强度随碳含量的增加先提升，一旦有网状渗碳体形成，强度降低。可见，组织类型为网状渗碳体和片状珠光体的过共析钢是没有实际用途的，一般都需要通过复杂工艺热处理后才能够获得所需要的使用性能。

4.4 珠光体转变热力学与转变动力学

4.4.1 珠光体转变热力学

如前所述，珠光体转变的驱动力是珠光体与奥氏体的自由能差。图 4-17 所示为 Fe-C 合金中奥氏体（γ）、铁素体（α）和渗碳体（Fe_3C）三个相在 T_1、T_2 温度的自由能-成分曲线图。

由图 4-17a 可见，在 T_1（即 A_1）温度时，奥氏体、铁素体和渗碳体三个相的自由能-成分曲线有一条公切线，说明铁素体和渗碳体双相组织（即珠光体）的化学势与共析成分奥氏体的化学势相等，自由能差为零，没有相变驱动力，即 T_1 温度下共析成分的奥氏体不能转变为铁素体和渗碳体的双相组织（珠光体）。

当温度下降到 T_2 时，奥氏体、铁素体和渗碳体的自由能曲线相对位置发生了变化，如图 4-17b 所示。在三个相的自由能曲线间，两两之间可以作出三条公切线。这三条公切线分别代表三个相之间的两两平衡状态，即 b 成分奥氏体与渗碳体、c 成分奥氏体与 a 成分铁素体、a' 成分铁素体与渗碳体。由于共析成分奥氏体的自由能在三条公切线之上，其有可能分解为 b 成分奥氏体与渗碳体、c 成分奥氏体与 a 成分铁素体或 a' 成分铁素体与渗碳体（图 4-17c）。其中，铁素体和渗碳体的自由能-成分曲线的公切线位置最低，因此，共析成

分奥氏体转变为 a' 成分铁素体与渗碳体（即珠光体）。也就是说，在低于 T_1 的温度下，珠光体在热力学上存在的可能性最大。若共析成分奥氏体同时转变为 b 成分奥氏体与渗碳体、a 成分铁素体与 c 成分奥氏体，则奥氏体的成分是不均匀的，与铁素体接壤处为碳含量较高的 c 成分，与渗碳体接壤处为碳含量较低的 b 成分，因此，在奥氏体内部将出现碳的浓度梯度，碳将从高碳区向低碳区扩散，为了恢复界面上碳含量的平衡，奥氏体继续转变为铁素体和渗碳体，直至奥氏体消失，全部转变为自由能最低的、成分为 a' 的铁素体与渗碳体组成的两相整合组织，即珠光体。

4.4.2 珠光体转变动力学

珠光体转变与其他转变一样，也是通过形核和长大进行的，因此，其转变动力学也取决于晶核的形核率及晶体的长大速率。

1. 珠光体的形核率及晶核长大速率

珠光体转变的形核率 I 及晶核长大速率 v 与转变温度之间的关系曲线上均具有极大值，如图 4-18 所示。图中 I 及 v 均随过冷度的增加先增大后减小，在 550℃ 附近有一极大值。这是因为，随着过冷度的增加，转变温度降低，奥氏体与珠光体的自由能差将增大，转变驱动力增加，使 I、v 增加。同时，随着过冷度的增加及转变温度的降低，珠光体片层间距减小，奥氏体中的碳浓度梯度增大，碳原子的扩散速度加快，扩散距离减小，也使 v 增加。但另一方面，随着过冷度的增加及转变温度的降低，原子活动能力减弱，原子扩散速度变慢，会使 I、v 减小。当转变温度高于 550℃ 时，前一因素起主导作用，I 及 v 均随过冷度的增加而增加；当转变温度低于 550℃ 时，后一因素起主导作用，I 及 v 均随过冷度的增加而减小。因此，在上述两方面因素综合作用下，珠光体转变的形核率曲线和晶核长大速率曲线均出现极大值。由于共析钢在 550℃ 以下存在贝氏体转变，但用现有的实验方法难以单独测出珠光体转变的 I 和 v，所以图 4-18 中 550℃ 以下的曲线都为虚线。

当转变温度一定时，形核率与等温时间的关系曲线呈 S 形，如图 4-19 所示。随

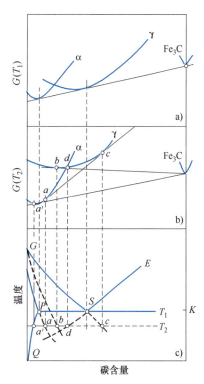

图 4-17　Fe-C 合金中奥氏体（γ）、铁素体（α）和渗碳体（Fe_3C）三个相在 T_1、T_2 温度的自由能-成分曲线图

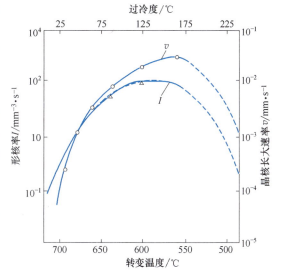

图 4-18　共析钢中珠光体转变的形核率、晶核长大速率与过冷度的关系

着转变时间的延长，形核率先逐渐增大，但由于珠光体转变一般都在晶界形核（其中界隅形核优于界棱，界棱又优于界面），适于珠光体形核的位置会越来越少，最后很快达到饱和，称为位置饱和（Site Saturation），导致形核率的增量下降。

过去认为，珠光体的长大速率被碳原子在奥氏体中的扩散所控制。现在的实验研究结果证明，珠光体长大时，碳在奥氏体中的重新分配，一部分是通过体扩散完成的，一部分是通过界面扩散完成的。有研究表明，珠光体片层间距大于 70nm 时，其长大速率基本上受体扩散所控制；片层间距小于 70nm 时，其长大速率基本上受界面扩散控制。还有研究认为，珠光体长大的主导扩散机制可能与合金的成分有关，如 Fe-C 合金和 Fe-M-C 合金（M 为合金元素）中的珠光体生长可能分别以体扩散机制及界面扩散机制为主。试验与计算结果表明，在合金钢或非铁合金的共析分解中，界面扩散在控制其长大速率上起着较为主要的作用。

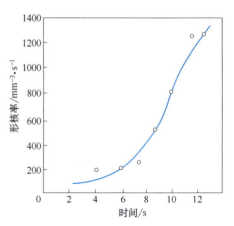

图 4-19　共析钢在 680℃时珠光体转变形核率与等温时间的关系

2. 珠光体等温转变动力学

将奥氏体过冷到某一温度，使之在该温度下进行珠光体等温转变。假设珠光体转变为均匀形核，形核率 I 不随时间而变，晶核长大速率 v 不随时间和珠光体团的大小而变，则转变量 f 与等温时间 τ 之间的关系可以用 Johnson-Mehl 方程式 [式 (1-6)] 表达。但实际上珠光体转变为非均匀形核，形核率 I 不是常数，而是随等温时间而变，且很快达到位置饱和，此后转变将完全由晶核长大速率 v 所控制，而与形核率无关，所以用 Johnson-Mehl 方程计算珠光体转变动力学有一定困难。假设珠光体转变为非均匀形核，形核率 I 随时间 τ 呈指数变化，且有位置饱和，晶核长大速率 v 仍为常数，则转变量 f 可用 Avrami 方程表示，即式 (1-7)。在位置饱和的情况下，对于不同的形核位置，K、n 的值见表 4-2。表中 A 为单位体积中的晶界面积，L 为单位体积中的界棱长度，v 为晶核长大速率，y 为与界隅形状有关的系数。由于 Avrami 方程推导前的假设更接近实际情况，较适合于珠光体转变动力学的计算。

表 4-2　不同形核位置的 K、n 值

形核位置	K	n
界面	$2Av$	1
界棱	$\pi L v^2$	2
界隅	$\frac{4}{3}\pi \eta v^2$	3

当奥氏体连续冷却发生珠光体转变时，在图 3-8 的 v_1 冷却速率下，珠光体转变是在一个很宽的温度区间完成的。高温区间形成的珠光体团尺寸和珠光体片层间距较大，较低温度区间转变得到的珠光体组织上述尺寸都要小，因为低温转变时过冷度较大，转变驱动力较大，生长速度也较快。

4.4.3 影响珠光体转变的因素

因为珠光体转变速率取决于形核率和长大速率,所以影响形核率和长大速率的因素都影响珠光体转变动力学。这些影响因素可以分为两类:一类属于材料的内在因素,如化学成分、原始组织等;一类属于材料的外在因素,如加热温度、保温时间等。

1. 化学成分

(1) 碳含量　对于亚共析成分的奥氏体,珠光体转变速率将随着碳含量的增加而减慢,C 曲线逐渐右移;对于过共析成分的奥氏体,珠光体转变速率将随着碳含量的增加而加快,C 曲线逐渐左移。因此,共析成分的过冷奥氏体最稳定,C 曲线位置最靠右。

(2) 合金元素　在钢中合金元素充分溶入奥氏体的情况下,除 Co 和质量分数大于 2.5% 的 Al 外,所有常用合金元素都使珠光体转变的孕育期加长,转变速率减慢,C 曲线右移。合金元素推迟珠光体转变的作用,按大小排列的顺序为:Mo、Mn、W、Ni、Si。其中,Mo 对珠光体转变动力学的影响最为强烈,如共析钢中加入质量分数为 0.8% 的 Mo 即可使过冷奥氏体分解为珠光体所需的时间增长 2800 倍;除了 Ni 和 Mn 外,所有常用合金元素都使珠光体转变的温度范围升高,C 曲线向上方移动;强碳化物形成元素 V、Ti、Zr、Nb、Ta 等溶入奥氏体后也会推迟珠光体转变,但在一般奥氏体化的情况下,这类元素形成的碳化物极难溶解,未溶碳化物反而会促进珠光体转变;微量硼(质量分数为 0.001%~0.0035%)可以显著降低亚共析成分的过冷奥氏体析出先共析铁素体的速度和珠光体的形成速度,但随着钢中碳含量的增加,硼的这种作用逐渐减小,当碳含量超过 0.9%(质量分数)后,硼几乎不起作用。因此,硼只用于亚共析钢。

事实上,合金元素对珠光体转变动力学图的影响是很复杂的,特别是钢中同时含有几种合金元素时,其作用并不是单一合金元素作用的简单叠加。合金元素对珠光体转变动力学产生的上述影响主要通过以下途径实现:

1) 影响碳在奥氏体中的扩散速度。除了 Co 和质量分数小于 3% 的 Ni 以外,所有合金元素都可提高碳在奥氏体中的扩散激活能,降低碳的扩散系数和扩散速度,减慢珠光体转变速率。

2) 改变 γ→α 多型性转变的速率。非碳化物形成元素 Ni 降低 γ→α 多型性转变的速率,特别是增大了 α-Fe 的形核功,导致珠光体转变速率降低。Co 会提高 γ→α 多型性转变的速率,提高珠光体转变速率。

3) 在奥氏体中的扩散和再分配。珠光体转变时,除了要求碳的扩散和再分配之外,还要求合金元素的扩散和再分配,而合金元素特别是碳化物形成元素的扩散系数仅为碳扩散系数的 $10^{-4} \sim 10^{-2}$,使珠光体的转变速率大大减慢。

4) 改变临界点。转变温度相同时,临界点的改变将改变珠光体转变的过冷度。Ni 和 Mn 可降低 A_1 点,减小过冷度,使转变速率降低。Cr 可提高 A_1 点,增加过冷度,使转变速率提高。

5) 影响珠光体的形核率及长大速率。Co 可以增加珠光体的形核率,提高珠光体的转变速率。其他合金元素会降低珠光体的形核率及长大速率,降低珠光体的转变速率。

6) 改变界面的表面能。硼原子半径与铁原子半径的相对大小既不适于形成间隙固溶体,又不适于形成置换固溶体,因此硼有富集于晶界的强烈倾向(即内表面活性元素),大大降低晶界处的表面能，使先共析铁素体在晶界的形核非常困难，显著降低珠光体转变速率。当奥氏体化温度较高时，硼可能向晶内扩散，从而降低硼的这种作用，因此为了使硼钢热处理时不获得珠光体组织，加热温度不宜太高。

2. 奥氏体组织状态

奥氏体的晶粒大小、成分均匀性以及奥氏体中的过剩相均影响珠光体转变。奥氏体晶粒越细小，单位体积内的晶界面积越大，珠光体的形核部位就越多，珠光体转变速率越快；奥氏体成分的不均匀性有利于在高碳区形成渗碳体，在贫碳区形成铁素体，并加速碳在奥氏体中的扩散，从而加快先共析相和珠光体的形成速度；当奥氏体中存在过剩相渗碳体时，未溶渗碳体既可作为先共析渗碳体的非均匀晶核，也可作为珠光体领先相的晶核，加速珠光体转变。

3. 原始组织

原始组织越粗大，奥氏体化时碳化物溶解速度越慢，奥氏体均匀化速度也就越慢，珠光体的形成速度越快。反之，原始组织越细小，珠光体形成速度越慢。

4. 加热温度和保温时间

提高奥氏体化温度，延长保温时间，可提高奥氏体中碳和合金元素的含量及均匀化程度，使珠光体转变的孕育期增长，转变速率降低。

当奥氏体化温度较低，保温时间较短时，若碳化物没有全部溶解，未溶的碳化物可以作为珠光体转变的晶核；若碳化物虽已溶解但还未均匀化，则奥氏体成分仍不均匀，高碳区和低碳区可为珠光体转变时渗碳体和铁素体的形核准备有利条件，珠光体转变加快。

5. 应力

珠光体转变时比体积将增加，所以拉应力促进转变，压应力抑制转变。例如，当压力由 29×10^8 Pa 增加到 38.5×10^8 Pa 时，碳钢及合金钢中珠光体转变的孕育期将增加大约5倍，且珠光体形成温度降低，共析成分移向低碳。

6. 塑性变形

在奥氏体状态下进行塑性变形，有加速珠光体转变的作用，且形变量越大，形变温度越低，珠光体转变速率就越快。这是因为形变增加了奥氏体晶内缺陷密度，使形核部位增多，提高了形核率。同时，晶内缺陷密度的增加也提高了原子扩散速度，加大转变速率。

4.5 奥氏体中析出的碳（氮）化物和相间沉淀

奥氏体在缓冷过程中不仅会发生共析转变，还有可能析出一些碳（氮）化物，进而对奥氏体晶粒长大、先共析铁素体的析出以及最终力学性能产生影响。

元素周期表中越靠左下的元素，与碳或氮元素的结合力越强，形成的碳（氮）化物越稳定，从奥氏体中析出的温度越高。钢中常见的金属元素按形成的碳（氮）化物稳定性从强至弱依次为 Zr、Ti、Nb、V、W、Mo、Cr、Mn、Fe。这些碳（氮）化物的析出温度还和奥氏体中固溶的合金元素及碳（氮）元素的含量有关。合金元素与碳（氮）元素的溶度积（即固溶的合金元素与碳（氮）元素质量分数的乘积）越大，析出温度越高。通常情况下，碳（氮）化物析出的温度越高，尺寸越大，析出强化作用越小，但阻碍奥氏体晶粒长大和再结晶晶界迁移的作用越强，大大阻碍高温加热时奥氏体晶粒的快速长大。Cr、Mn 由于电负性与 Fe 相近，在含量较少时会固溶在铁素体和渗碳体中，只有含量很大时才会析出碳（氮）化物。

与碳元素相比，氮元素的氧化性更强，同样条件下形成的氮化物稳定性要强于碳化物，析出温度及析出相总量均大于碳化物。在相同析出温度下，氮化物析出相的直径也更小。一般来说，奥氏体中析出的碳（氮）化物普遍小于 1μm。图 4-20 所示为 40MnV 钢中铁素体内析出的 VC 颗粒形貌。由于析出温度较低，VC 颗粒直径仅约 10nm。

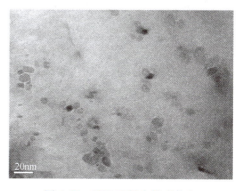

图 4-20 40MnV 钢中铁素体内析出的 VC 颗粒形貌

当奥氏体中固溶碳（氮）化物合金元素，且碳（氮）化物析出温度高于先共析铁素体析出温度时，析出相的析出位置多在奥氏体晶界和位错处，具有一定的随机性。当碳（氮）化物析出温度处于先共析铁素体生成温度区间时，析出相伴随先共析铁素体析出，并在 γ/α 相界面上形核长大，称为相间析出，又称为相间沉淀（Interphase Precipitation）。观察角度合适时，会发现在铁素体中有极细小的颗粒状碳（氮）化物，呈互相平行的点列状分布（图 4-21），相邻平行面之间的距离称为面间距或层间距，一般在 5～230nm 之间。

相间析出的碳（氮）化物直径随钢的成分和等温温度的不同而发生变化，有的小于 10nm，甚至 5nm，有的达 35nm，一般平均直径为 10～20nm。相间析出的碳（氮）化物细小、弥散，可以阻碍位错滑移，显著提高钢的屈服强度。相间析出首先是在含 Nb、V 等强碳化物形成元素的钢中发现的，后来被广泛接受和大量研究、应用，特别是被用于控制轧制生产高强度微合金化的钢中，如高强度热轧钢板、中碳非调质钢零部件等。

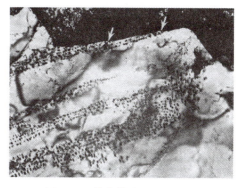

图 4-21 铁素体中相间析出的 VC 颗粒形貌（70000×）

习　题

1. 画出片状珠光体和球状珠光体的组织形态示意图。
2. 片状珠光体片层间距的大小主要取决于什么因素？该间距的大小对珠光体的力学性能产生什么影响？
3. 相同成分下，为什么球状珠光体的硬度比片状珠光体的低？
4. 以共析钢为例，试解释过冷奥氏体发生珠光体转变的机制，并说明转变过程中碳元素的扩散行为。
5. 亚共析钢转变时，先共析相可能有哪些形态？它们的形成条件各有什么特点？

6. 影响珠光体转变孕育期长短的主要因素有哪些？

7. 魏氏组织的形成条件有哪些？魏氏组织的出现对钢的性能可能带来哪些危害？

8. 40钢是碳含量约0.4%（质量分数）的亚共析钢，其奥氏体化后缓慢冷却可以得到什么组织？如果冷却速率略微增大，组织中的各组织组成物比例又会发生怎样的变化？对力学性能有什么影响？

9. 82B是斜拉桥拉索钢丝的典型牌号，其碳含量约0.82%（质量分数），钢坯在热轧成盘条后经冷拔成为细丝。82B盘条热轧后为全珠光体组织。请问，作为过共析钢的82B热轧组织中为什么没有网状先共析渗碳体？为提高钢丝塑性，应怎样控制盘条热轧结束后的冷却速率？冷拔后又应该怎样处理？

第5章

贝氏体转变

贝氏体转变通常是指钢铁材料中过冷奥氏体在中温区发生的转变，转变温度介于珠光体转变和马氏体转变之间。1930 年 Bain 等人首次发表了贝氏体组织的金相照片，1939 年 R. F. Mehl 把贝氏体分为上贝氏体和下贝氏体。20 世纪 40 年代，为了纪念 Bain 等人在贝氏体研究方面所做的贡献，将中温转变命名为贝氏体转变，其转变产物称为贝氏体。

5.1 贝氏体的定义和组织形貌

5.1.1 贝氏体的定义

根据 GB/T 7232—2023《金属热处理术语》定义，贝氏体是钢铁奥氏体化后，过冷到珠光体转变温度区与 Ms 之间的中温区等温，或连续冷却通过这个温度区时形成的组织。贝氏体通常用符号 B 表示（贝氏体英文名称 Bainite 的首字母）。

虽然对贝氏体转变的温度区间有着基本的共识，但是贝氏体的形态和微观结构的定义是随着不同类型贝氏体的发现而逐渐完善的。刘宗昌在 2009 年出版的《贝氏体与贝氏体相变》一书中对贝氏体的定义为：钢中的贝氏体是过冷奥氏体的中温过渡性转变产物，它以条片状贝氏体铁素体为基体，同时可能存在渗碳体或 ε-碳化物、残留奥氏体等相，贝氏体铁素体存在亚片条、亚单元、较高密度位错等精密结构，这种整合组织称为贝氏体。这一定义基本上涵盖了目前发现的各类贝氏体的显微组织组成。

由于珠光体和马氏体的定义与组织形貌是非常明确的，因此不严谨地说，只要转变温度或冷却速率介于珠光体转变与马氏体转变之间，非片层状、非板条状、非片状的组织都可以称为贝氏体。

5.1.2 贝氏体的分类

由于贝氏体组织形态的多样化，贝氏体组织分类不尽相同，其命名也多种多样。贝氏体最早被发现于中高碳钢和含有铬钼等碳化物形成元素的合金钢中，通常由非层片状的铁素体和碳化物组成。早期 R. F. Mehl 将贝氏体分为上贝氏体和下贝氏体，这两种贝氏体的形成温度不同，贝氏体铁素体的形态和碳化物的分布也不同。这种分类方法被人们普遍接受，并一直沿用至今。随着对不同成分钢铁材料贝氏体的深入研究，人们又逐渐发现并定义了无碳化物贝氏体、粒状贝氏体、反常贝氏体、柱状贝氏体等。这些贝氏体的命名主要从形成温度、是否存在碳化物以及金相形貌进行区分，相互之间会有部分重叠，但也仅是涵盖了常见的贝氏体。目前尚没有一个统一的标准对贝氏体进行系统分类。

对于某一确定成分的钢，通常只能形成 1~2 种贝氏体。比如，中高碳钢通常形成上贝氏体和下贝氏体，含 Si、Al 较高的钢通常形成无碳化物贝氏体，超低碳或低碳合金钢常形成粒状贝氏体等。从形成温度来说，无碳化物贝氏体、粒状贝氏体和上贝氏体的形成温度较高，下贝氏体的形成温度较低。从碳含量来说，低碳钢更容易形成无碳化物贝氏体和粒状贝氏体，高碳钢更容易形成上贝氏体和下贝氏体。

5.1.3 贝氏体的组织形貌

根据贝氏体中铁素体和碳化物的形态、数量和分布情况，可将常见的贝氏体组织分为以下六种：上贝氏体、下贝氏体、无碳化物贝氏体、粒状贝氏体、反常贝氏体和柱状贝氏体。

1. 上贝氏体

上贝氏体是在中温转变区的较高温度形成的贝氏体，由板条状贝氏体铁素体和分布于板条间的碳化物组成的非层片状组织，如图 5-1 所示。

从形貌和转变过程来说，上贝氏体是大体上相互平行的具有高密度位错的贝氏体铁素体板条在过冷奥氏体晶界处形核，向一侧或两侧生长，从中排出的多余碳原子在板条之间形成断续分布的粒状渗碳体。整体来看，上贝氏体呈羽毛状或半片羽毛状，其显微组织形貌如图 5-1a 所示。当钢中合金元素种类和含量发生变化时，碳化物的形态也可能发生变化，甚至以残留奥氏体的形态留在板条之间，但是其宏观形貌不会发生显著变化。透射电镜下（图 5-1b）可以看到平行的、内部具有大量缠结位错的白色贝氏体铁素体板条和板条间黑色的长条状渗碳体或残留奥氏体。

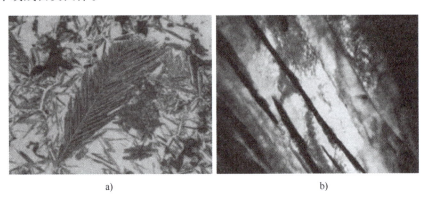

a)   b)

图 5-1　上贝氏体的显微组织形貌

a) 光学显微镜形貌（500×）　b) 透射电镜形貌（25000×）

2. 下贝氏体

下贝氏体是在中温转变区的较低温度形成的贝氏体，由针状或板条状铁素体和分布于铁素体内部的碳化物组成，整体呈杂乱分布的竹叶状或针状，如图 5-2a 所示。

透射电镜下观察到，下贝氏体碳化物以 $\varepsilon\text{-}Fe_xC$ 或者渗碳体的形式呈短棒状分布在铁素体内部，并与铁素体片的长轴方向呈 55°~60° 的夹角平行排列，如图 5-2b 所示。由于形成下贝氏体的钢中普遍碳含量较高，即便在下贝氏体形成的温度区间长时间停留，仍会有一定量的过冷奥氏体不发生转变，在后续降温时转变为马氏体或以残留奥氏体形式存在于下贝氏

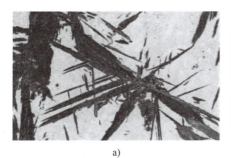 

图 5-2 下贝氏体的显微组织形貌

a) 光学显微镜形貌（750×） b) 透射电镜形貌（24000×）

体之间。下贝氏体精细结构比马氏体和残留奥氏体复杂，因此，抛光腐蚀后在光学显微镜下呈黑色，颜色明显更深。

3. 无碳化物贝氏体

无碳化物贝氏体是在中温转变区的较高温度范围内形成的贝氏体，主要由板条状铁素体和奥氏体（或由其转变成的其他组织）构成。无碳化物贝氏体中铁素体板条在原奥氏体晶界处形成，成束地向晶粒内长大，在铁素体板条之间分布着富碳的奥氏体。富碳的奥氏体在随后的等温或冷却过程中可能转变为珠光体、其他类型的贝氏体或马氏体，也有可能保持奥氏体状态不变。由于铁素体和奥氏体内均无碳化物析出，所以称为无碳化物贝氏体，其透射电镜形貌如图 5-3 所示。无碳化物贝氏体一般出现在低中碳钢中，它不仅可在等温过程中形成，也可在缓慢的连续冷却过程中形成。无碳化物贝氏体不能单独存在，总是与其他组织（如上贝氏体等）共存。

图 5-3 无碳化物贝氏体及其中深灰色残留奥氏体透射电镜形貌（40000×）

4. 粒状贝氏体

粒状贝氏体是在中温转变区的较高温度（比典型上贝氏体形成温度稍高）形成的贝氏体，它是以板条状铁素体为基体，并在其上分布着富碳奥氏体岛及其转变产物所构成的复相组织，如图 5-4 所示。

粒状贝氏体中的铁素体呈板条状，其上分布的岛状组织在光学显微镜下形貌多样，可呈点状、长条状以及不规则形状。岛状组织可以是残留奥氏体，也可以是过冷奥氏体的分解产物，如珠光体或其他类型的贝氏体，还可以是马氏体和残留奥氏体，而且后者相对来说更为普遍。严格来说，粒状贝氏体也是无碳化物贝氏体，只不过二者形态存在明显不同。

5. 反常贝氏体

贝氏体形成时通常是以铁素体为领先相，因此，以渗碳体为领先相形成的贝氏体就是反常贝氏体。过共析钢的过冷奥氏体首先析出先共析渗碳体，使其周围的过冷奥氏体碳含量降低，促进贝氏体铁素体形核和长大，从而形成以渗碳体为领先相的反常贝氏体。高碳镍钢中形成的反常贝氏体透射电镜形貌如图 5-5 所示。

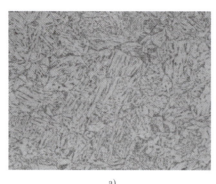 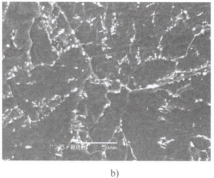

a)　　　　　　　　　　　　b)

图 5-4　粒状贝氏体的组织形貌

a）光学显微镜形貌（500×）　b）扫描电镜形貌（5000×）

6. 柱状贝氏体

柱状贝氏体是高碳钢或高碳合金钢在贝氏体转变温度范围内的低温区域形成的一种贝氏体。在光学显微镜下，柱状贝氏体中的铁素体呈柱状，几个柱状铁素体排列成发射状，如图 5-6a 所示。在电子显微镜下，可以看到柱状贝氏体中的碳化物分布于铁素体内部，与下贝氏体类似，如图 5-6b 所示。

综上可见，贝氏体的形貌非常复杂，化学成分和热处理工艺稍有不同，贝氏体的形貌就会出现较大区别。因此，针对某一具体的钢种，需要进行具体分析，不应该直接划分到上述 6 种类型之中。

图 5-5　高碳镍钢中形成的反常贝氏体透射电镜形貌（8000×）

 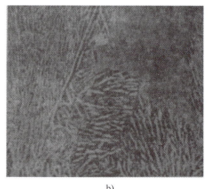

a)　　　　　　　　　　　　b)

图 5-6　高碳锰钢中形成的柱状贝氏体

a）光学显微镜形貌（500×）　b）透射电镜形貌（5000×）

5.2　贝氏体的力学性能

贝氏体组织形态的不同，尤其是各个组成相的形态、尺寸、分布和亚结构不同，会对贝氏体力学性能产生很大影响。

5.2.1 影响贝氏体力学性能的因素

1. 碳元素的固溶强化

贝氏体铁素体中固溶的碳原子越多，固溶强化效果越好，贝氏体的强度、硬度越高。铁素体中能固溶多少碳原子主要与贝氏体的形成温度有关。贝氏体形成温度越低，碳原子的扩散能力越弱，越不容易形成碳化物或者进入富碳的奥氏体，那么固溶在铁素体中的碳含量就越多。在较高温度下转变得到的上贝氏体、无碳化物贝氏体和粒状贝氏体中，碳原子可以相对充分地扩散，使贝氏体铁素体的碳含量接近于平衡碳含量，固溶强化效果较弱。下贝氏体转变温度较低，碳原子不能充分扩散而更多地过饱和于铁素体中，固溶强化效果较好。因此，下贝氏体比上贝氏体具有更高的强度和硬度。

在钢铁材料中，间隙原子的强化效果明显强于置换原子，但会使塑性、韧性降低。因此，在相同强度下，低碳贝氏体的塑性总是高于高碳贝氏体。据此，可以通过降低碳含量来提高贝氏体的塑性，通过合金元素的置换固溶强化来保证强度。

2. 贝氏体铁素体中的位错密度

贝氏体铁素体中的位错密度越高，位错强化的效果越好，贝氏体的强度、硬度越高。铁素体中的位错密度高低也与贝氏体的形成温度有关。贝氏体形成温度越低，铁的晶格从面心立方结构到体心立方结构的重构难度越大，就会引入更多的位错，这也是下贝氏体比上贝氏体具有更高强度和硬度的原因之一。

3. 碳化物的形态、尺寸与分布

碳化物的形态、尺寸与分布是贝氏体分类的关键因素，对贝氏体的力学性能也有显著影响。由于奥氏体是软相，当贝氏体中的碳以固溶于残留奥氏体的形式存在时，对强度贡献不大；当碳以粒状碳化物形式存在时，碳化物越细小弥散，贝氏体的强度、硬度越高。同样类型的贝氏体，钢中碳含量越高，形成的碳化物就越多，贝氏体的硬度就越大。此外，碳化物的分布对性能也有很大影响。当碳化物生长成片状或排列成行时，会造成贝氏体脆性显著增大，强韧性明显降低。如上贝氏体中碳化物分布于贝氏体铁素体板条之间，呈平行的点链状或条状，使贝氏体的抗冲击性能显著下降。

4. 贝氏体铁素体的晶粒尺寸

贝氏体铁素体的晶粒尺寸对贝氏体的强度有很大影响。贝氏体铁素体的晶粒尺寸经常用其板条或针片的厚度来表示，这是因为塑性变形时位错通常垂直于贝氏体铁素体长轴方向进行滑移。当贝氏体铁素体的厚度越小时，沿此厚度方向位错滑移的平均自由路径越短，位错滑移到贝氏体铁素体边界处造成的位错塞积群中的位错数目越少，引起的应力集中越小，在相邻贝氏体铁素体晶粒上产生的分切应力也更小，不太容易引起相邻晶粒发生滑动，使贝氏体强度升高，如图5-7所示。

金属材料的基本强化方式中，仅细晶强化可以同时提高强度和塑性，其他强化方式均使塑性和韧性降低。但贝氏体的硬度、强度、塑性、韧性需要综合考虑上述因素才能得到较为合理的评价，并没有一个统一的评价标准。常见的贝氏体中，上贝氏体由于组织粗大，碳化物分布呈明显的方向性，强度、硬度比下贝氏体低，且脆性很大，一般没有实用价值，是钢中常见的有害组织；下贝氏体形成温度低，碳化物细小弥散，碳原子的固溶强化、位错强化

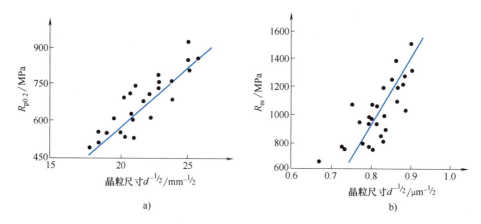

图 5-7 贝氏体铁素体晶粒尺寸对 $R_{p0.2}$ 和 R_m 的影响

a) $R_{p0.2}$ b) R_m

和细晶强化明显，强度、硬度高，韧性好，是较为理想的贝氏体组织；极低碳钢和低碳钢中的无碳化物贝氏体由于碳含量低，强度、硬度没有上贝氏体和下贝氏体高，但其塑韧性良好，适合薄板材的轧后连续控冷，近些年得到了快速发展，主要用于生产石油输送的管线钢等钢种；中低碳钢中粒状贝氏体的力学性能取决于铁素体板条的尺寸和岛状结构的类型、大小与分布，影响因素复杂，力学性能波动性较大。

图 5-8 所示为贝氏体形成温度对贝氏体冲击韧性的影响规律。由图 5-8 可见，在较高的温度范围发生贝氏体转变时，随着转变温度的下降，贝氏体的冲击韧性增加并达到极大值，进一步降低形成温度，贝氏体的冲击韧性有所降低。从图 5-8 还可看出，下贝氏体的冲击韧性总是比上贝氏体的要高。

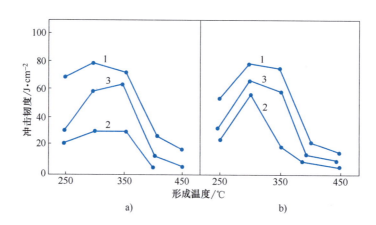

图 5-8 贝氏体形成温度对贝氏体冲击韧性的影响规律

a) 等温 30min b) 等温 60min

1—Fe-0.27C-1.02Si-1.00Mn-0.98Cr 2—Fe-0.40C-1.10Si-1.21Mn-1.62Cr 3—Fe-0.42C-1.14Si-1.04Mn-0.96Cr

5.2.2 贝氏体组织的应用

贝氏体组织在热处理行业和钢铁材料领域得到了比较广泛的应用。

1. 在热处理中的应用

热处理中主要通过等温淬火的方法获得贝氏体组织，特别是下贝氏体组织，以赋予零件优良的力学性能。等温淬火时，将奥氏体化后的工件迅速放入贝氏体转变温度范围内某一温度的盐浴或碱浴中，等温一定时间后再冷却到室温。等温淬火时工件变形、开裂的倾向明显小于马氏体淬火（奥氏体化后的工件快速冷却至室温获得马氏体的淬火），因此，对于要求高强度、高硬度或者普通马氏体淬火时变形开裂倾向大的小型工件，选择等温淬火获得性能优良的贝氏体组织非常适宜。

贝氏体等温淬火之所以能明显减小工件变形开裂的倾向，主要归因于等温淬火时热应力和组织应力都明显小于普通的马氏体淬火。由于等温淬火时冷却介质温度比较高，工件和冷却介质之间的温差小，工件表面和心部的温差较小，冷却时产生的热应力小。同时，贝氏体和奥氏体之间的比体积差小于马氏体和奥氏体之间的比体积差，因此发生贝氏体转变时的组织应力较小。此外，在等温过程中，工件表面和心部的温差、热应力和组织应力都会逐步减小，甚至消除。

2. 在金属材料中的应用

贝氏体组织更重要的应用领域是开发高性能贝氏体钢。所谓贝氏体钢，是指在使用状态下组织主要为贝氏体的钢种，且钢中的贝氏体通常是通过控制冷却获得的。由于贝氏体转变需要在中温区等温一段时间才能转变充分，因此，实际生产中为获得全贝氏体组织，对钢材热变形后的冷却速率控制要求十分严格。过去，受设备冷却控制能力不足和生产效率的限制，贝氏体钢的应用相对较少。近年来，随着设备能力的提升和对钢铁材料品质要求的提高，贝氏体钢得到了快速发展。

开发贝氏体钢必须符合以下原则：

1）在一个相当宽的冷却速率范围能得到以贝氏体为主的组织。这需要在钢中加入一些合金元素，使过冷奥氏体连续冷却转变曲线上先共析铁素体和珠光体转变区与贝氏体转变区明显分离，并使先共析铁素体和珠光体转变曲线显著右移。如 Mo 可明显推迟先共析铁素体析出和珠光体转变，但对贝氏体转变的推迟作用不明显，是贝氏体钢中的常用元素之一。当 Mo 含量较高时上述作用反而小，且成本也会增加，因此其质量分数通常控制在 0.4%～0.6%。微量 B（质量分数为 0.002%）可有效推迟先共析铁素体析出和珠光体转变，和 Mo 联合加入时效果更为明显。因此，Mo 和 B 是贝氏体钢的基本合金成分。

2）在保证提高强度的同时，使钢具有良好的韧性，尤其是具有低的韧脆转变温度。这就要求合金元素要合理使用，既要充分发挥合金元素对贝氏体铁素体的强化作用，又不至于损害钢的韧性。Ni 是唯一一种可以降低韧脆转变温度的合金元素，常添加在需要高的低温韧性的贝氏体钢中。

3）具有良好的焊接性和成形性。这就要求钢的淬透性和碳含量要低，保证钢在焊接时不易形成马氏体，并具有良好的塑性变形能力。因此，实际应用的贝氏体钢通常为低碳、中低合金钢。

4）价格低廉。开发贝氏体钢除了性能需求以外，还有一个重要的目的就是降低成本。碳是最廉价的强化元素，但因为碳含量高既推迟贝氏体转变，又降低钢的塑性和韧性，同时损害材料的焊接性和成形性，所以贝氏体钢通常都是低碳钢或超低碳钢。为了进一步提高强度等级，增大获得贝氏体的冷却速率范围，通常采用 Mn、Cr、Ni、Nb 等多元合金化，其中较贵重的 Cr、Ni、Nb 等元素加入量都较低。

目前，低碳贝氏体钢已经得到了广泛应用，我国已成功开发出不同强度等级的系列贝氏体钢，比如运输石油、天然气的管线钢 X80、X100 等。诸多先进技术如热机械控制轧制（Thermo-mechanical Controlled Process，TMCP）、弛豫-析出控制（Relaxation Precipitation Controlling，RPC）、高温轧制（High Temperature Processing，HTP）、热机械析出控制轧制（Thermo-mechanical Precipitation Control Process，TPCP）等的应用，尤其是我国自主开发的、具有自主知识产权的中温转变组织超细化 TMCP+RPC 工艺控制技术的应用，使我国贝氏体钢的研制开发达到了世界先进水平。

用于制造机械零部件的中低碳钢（碳的质量分数为 0.2%~0.4%）的贝氏体化已经成为各生产企业和研究机构的下一个攻关方向。贝氏体钢，尤其是塑韧性较好的粒状贝氏体钢，零部件强度等级高于珠光体钢，生产成本低于调质钢，具有巨大的开发潜力。目前，该类贝氏体钢遇到的主要问题是力学性能波动较大，生产可靠性不足，这对贝氏体（尤其是粒状贝氏体）的形成机理研究和生产过程的精细控制提出了更高的要求。

5.3 贝氏体转变机理

贝氏体转变包括贝氏体铁素体的形成和碳化物的析出（或碳在奥氏体中富集）两个基本过程。一般认为，由于转变温度较低，奥氏体中的铁原子不能发生长程扩散，只能通过切变成为体心立方结构的铁素体，同时引入大量位错。奥氏体中的碳原子可以发生短程扩散，形成渗碳体、其他类型的碳化物或高碳的残留奥氏体。

贝氏体转变机理包括贝氏体转变的领先相、贝氏体铁素体的形核与长大、碳化物的析出位置等诸多方面。通常情况下，除了反常贝氏体外，奥氏体向贝氏体转变时的领先相均为铁素体。贝氏体铁素体的形核与长大机理一直是贝氏体转变争论的焦点所在，主要学派有切变学派和台阶-扩散学派。碳化物的析出机理和析出位置也是贝氏体转变机理的重要组成部分。

5.3.1 贝氏体转变的切变理论

Zener 最早提出了贝氏体转变的切变模型。1952 年，柯俊及其合作者 S. A. Cottrell 在研究贝氏体转变时发现，预先抛光的样品表面在贝氏体转变时产生了表面浮凸效应，他们以此实验现象为依据，提出了贝氏体转变机理具有类似于马氏体转变特点的切变机理。后来，切变观点被 Hehemann 和 Bhadeshia 所接受，发展形成了比较系统的切变理论。康沫狂和俞德刚等学者支持切变理论，在贝氏体研究方面进行了大量的工作，对贝氏体转变机理的拓展及贝氏体钢的应用推广做出了巨大贡献。

1. Hehemann 模型

Matas 和 Hehemann 在 1961 年提出了贝氏体转变模型，如图 5-9 所示。具体来说，贝氏体的转变可分为以下几个阶段：碳的再分配、贝氏体铁素体的形成及碳的扩散与碳化物的析出。

(1) 碳的再分配 一些支持切变理论的学者通过对贝氏体转变孕育期的实验研究和理论分析进一步提出，在贝氏体等温转变孕育期内，碳原子通过扩散向奥氏体晶界和奥氏体晶

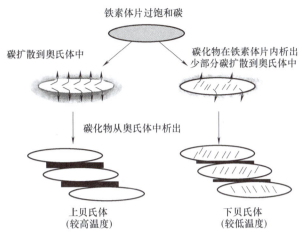

图 5-9 钢中贝氏体转变过程示意图（Hehemann 模型）

粒内部的晶体缺陷处聚集，在过冷奥氏体中形成贫碳区和富碳区，即发生碳原子的重新分配，以满足贝氏体中铁素体形核所必需的成分条件。置换式合金元素不会发生碳的再分配现象。

（2）贝氏体铁素体的形成　在奥氏体中的贫碳区，以马氏体转变方式形成贝氏体铁素体，由于铁素体长大速率高于碳原子的扩散速度，形成的贝氏体铁素体中碳含量是过饱和的。

（3）碳的扩散与碳化物的析出　当转变温度较高时，碳原子不仅在铁素体中具有较强的扩散能力，而且在奥氏体中也有相当的扩散能力。因此，碳含量过饱和的贝氏体铁素体中的碳原子可不断通过铁素体-奥氏体相界面充分扩散到奥氏体中去，形成由板条铁素体组成的无碳化物贝氏体。铁素体板条间的富碳奥氏体在随后的等温或冷却过程中，可转变成其他奥氏体分解产物或马氏体，也可能全部保留下来，以残留奥氏体形式存在。

当转变温度稍低于无碳化物贝氏体形成温度时，碳原子在铁素体中具有较强的扩散能力，但在奥氏体中的扩散能力较弱。因此，当过饱和的贝氏体铁素体中的碳原子通过铁素体-奥氏体相界面扩散过来后，不能通过奥氏体及时疏散，在铁素体-奥氏体相界面附近聚集，使界面处的碳含量不断升高，最终导致碳化物在此析出。碳化物的析出使附近奥氏体的碳含量降低，促进了贝氏体铁素体的继续形核及长大，随后发生碳原子的扩散、聚集和碳化物的析出，此过程反复不断地进行，就形成由板条铁素体和分布于其间的碳化物组成的上贝氏体组织。

当转变温度更低时，碳原子在铁素体中的扩散能力也相当有限，使过饱和的贝氏体铁素体中的碳原子不能扩散到铁素体-奥氏体相界面处，只能在铁素体内部进行短距离的扩散，导致碳原子在铁素体内部一定晶面上发生偏聚，并在此析出碳化物，最终形成由铁素体和在铁素体内分布的碳化物组成的下贝氏体组织。

2. Bhadeshia 模型

随着观测手段的进步，人们发现在光学显微镜下观察到的板条状或针状贝氏体铁素体是由尺寸更小的铁素体亚片条、亚单元和超亚单元组成的。Bhadeshia 在 1990 年提出了新的贝氏体转变模型，如图 5-10 所示。在该模型中，贝氏体铁素体通过亚单元的应力应变诱发形核和长大。贝氏体的形成经历了两个过程，即亚单元的重复形核、长大及碳化物的析出。首先，亚单元在奥氏体晶界形核，向奥氏体晶内以切变方式长大，当奥氏体中由于贝氏体切变过程而积累的应变和应变能足够大时，长大停止。随后，新的亚单元在已形成的亚单元尖端处形核长大。随着转变过程的进行，新的亚单元不断形核长大，最后形成一根贝氏体束（捆）。贝氏体的体积分数就取决于试样中不同区域形成的贝氏体束总数量，它随转变时间和温度而变。而碳化物在亚单元之间析出，碳化物从过饱和铁素体中的析出或碳向奥氏体中的扩散将影响整个转变速率。

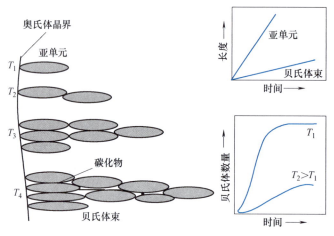

图 5-10　钢中贝氏体转变过程示意图（Bhadeshia 模型）

Hehemann 模型和 Bhadeshia 模型都大致经历了碳的再分配、贝氏体铁素体的切变形核和长大以及碳化物的析出三个过程，二者的区别在于，贝氏体铁素体的切变形成是一次切变完成还是多次切变完成。很显然，Bhadeshia 模型更为接近实际情况。

但切变理论无法解释上贝氏体和下贝氏体具有不同的动力学曲线和转变激活能、上贝氏体中铁素体内的浮凸与马氏体的不同、贝氏体中无孪晶以及碳化物析出形态与马氏体不同等现象，它的发展是受材料分析设备能力提升而逐渐推动的。在 20 世纪 50 年代，科学家观察材料微观形貌的手段非常有限，只能通过一些易于观察的现象进行合理的理论推演，这就需要研究人员具有扎实的材料学理论和坚毅严谨的科研品质。柯俊（1917.6.23—2017.8.8，中国科学院资深院士）是较早在材料研究领域留下名字的中国学者。新中国成立后，柯俊放弃国外优厚的待遇，于 1953 年底毅然回国从事科研和教学工作，是我国金属物理、冶金史学科的奠基人，为我国钢铁冶金及科学技术史领域的创立与发展做出了卓越的贡献。随着检测设备能力的提高，人们可以观察到更加精细的贝氏体结构，甚至可以观察到原子级别的动态影像，这必然推动贝氏体切变理论的进一步发展，当然也需要材料研究人员在借助更先进手段的情况下，使理论更加贴近实际转变过程，挖掘更加深入的冶金物理意义。

5.3.2　贝氏体转变的台阶-扩散理论

20 世纪 60 年代末，H. I. Aaronson 及其合作者从能量上否定了贝氏体转变的切变可能性。他们认为，在贝氏体转变温度区间，相变驱动力不能满足切变所需的能量要求，贝氏体转变是共析转变的变种，即贝氏体转变过程包括铁原子、置换式合金元素原子以及碳原子的扩散，贝氏体转变机理和珠光体转变机理相同，两者的区别仅在于珠光体是片层状，而贝氏体是非片层状，据此提出贝氏体铁素体的长大是按台阶机理进行的，并受碳的扩散所控制。徐祖耀支持贝氏体转变受扩散机制控制，并在这方面做了大量实验工作与理论探索。

台阶-扩散学派的基本观点认为，新相贝氏体铁素体与母相奥氏体具有台阶状相界面，如图 5-11 所示。由于新相和母相具有不同的点阵类型，在新相和母相的界面上只有一个或几个位向点阵匹配良好，可以形成共格或半共格界面，而在其他绝大多数位向上原子排列差异太大，只能形成非共格界面。在贝氏体铁素体长大的过程中，台阶台面是半共格界面，难以向奥氏体中推进，而台阶阶面在碳原子扩散的控制下沿生长台阶迁移方向向母相奥氏体中迁移。台阶阶面推进的过程中，由于位错滑移与增殖，导致台阶台面沿 α 增厚方向向母相奥氏体中不连续地推进，使得贝氏体铁素体长大。但实验中仅在上贝氏体中观察到台阶，下贝氏体中未观察到台阶。

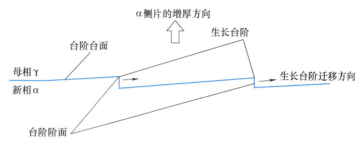

图 5-11　经典的扩散控制台阶长大模型

台阶-扩散理论经历了台阶机制、台阶-扭折机制、激发-台阶机制三个阶段的发展。由于分析设备和方法的局限，到目前为止，贝氏体转变机理还未彻底搞清，仍需要研究人员秉承严谨的态度和对真理矢志不渝的追求不断研究和发展。

5.3.3　贝氏体转变动力学

贝氏体转变动力学是贝氏体转变的重要组成部分。一方面，转变机制决定转变动力学，贝氏体转变动力学的研究可促进贝氏体转变机制的研究；另一方面，转变速率是转变动力学研究的重点，也是人们获得理想贝氏体工艺过程时必须关注的问题。贝氏体类型很多，各类贝氏体的转变细节这里不做讨论，而是重点讨论贝氏体转变的共同点，为贝氏体钢成分与生产工艺的优化提供参考。

1. 贝氏体等温转变动力学

贝氏体转变温度介于珠光体转变和马氏体转变之间，其转变动力学兼有珠光体转变和马氏体转变的部分特点。具体如下：

1）贝氏体转变和绝大多数相变一样，需要通过新相形核与长大来完成，其形核率和长大速率决定了贝氏体转变的速率。

2）贝氏体形核（多数以贝氏体铁素体为领先相）需要一定的孕育期，这与珠光体转变相似。

3）贝氏体转变速率比马氏体转变速率慢很多，这与贝氏体转变需要原子扩散以及相变驱动力相对较小有关。

4）贝氏体转变有上限温度 Bs 和下限温度 Bf，高于 Bs 或低于 Bf 都不能发生贝氏体转变。

5) 贝氏体转变具有不完全性。这是因为贝氏体形成过程中奥氏体内碳富集，使奥氏体化学稳定性增加，且贝氏体和奥氏体比体积差使残留奥氏体受压应力，也不利于贝氏体转变进一步发生。

和珠光体转变一样，贝氏体等温转变动力学也用过冷奥氏体等温转变图描述。切变学派认为，珠光体转变和贝氏体转变具有独立的 C 曲线，即在等温转变图上有两组独立的 C 曲线。然而，由于贝氏体转变是介于珠光体转变和马氏体转变之间的过渡性的中间转变，贝氏体等温转变 C 曲线可能与珠光体转变 C 曲线交叠甚至重叠，也可能与马氏体转变的 M_s 线相交叠。

在碳钢和低合金钢中，贝氏体转变 C 曲线和珠光体转变 C 曲线基本重叠，使得其等温转变曲线只有一组 C 曲线，如图 5-12a 所示。具有这种动力学曲线的钢，其贝氏体转变发生于 C 曲线鼻尖温度（约 550℃）以下、M_s 温度以上的温度区间，较高温度范围（约 350℃以上）形成上贝氏体，较低温度范围（约 350℃以下）形成下贝氏体。但碳含量较低的低合金钢，无论转变温度高低，均以粒状贝氏体为主，只是组织细化程度以及粒状马奥岛（马氏体和残留奥氏体组成的颗粒）的组织组成略有区别。一般转变温度越低，马奥岛越细小，马氏体占比越大。超低碳含量钢则主要发生无碳化物贝氏体转变，且转变温度越低，贝氏体铁素体越细小，其间的残留奥氏体分布也更加弥散。

很多合金元素都会使钢中的珠光体转变和贝氏体转变的 C 曲线分离，因此许多合金钢具有两组独立的 C 曲线，上部为珠光体转变 C 曲线，下部为贝氏体转变 C 曲线，如图 5-12b 所示。这类合金钢的贝氏体转变 C 曲线的分析方法与珠光体转变相同。在图 5-12b 中，上下分开的两组 C 曲线中有一个明显的"海湾区"，即珠光体转变开始线和贝氏体转变开始线之间的过冷奥氏体长时间稳定区间。过冷奥氏体在此温度保温很长时间也不会发生转变，在等温结束后的冷却过程中可能转变为贝氏体、马氏体或其他组织，需参考具体钢种的 CCT 曲线进行分析。

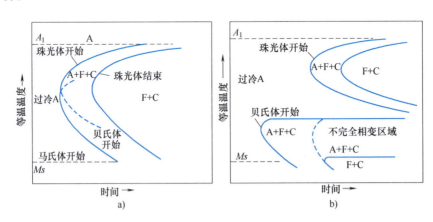

图 5-12 两种不同类型的等温转变图示意图

a) 单一 C 曲线，珠光体和贝氏体形成温度区间合并
b) 两组 C 曲线，珠光体和贝氏体形成温度区间明显分离

2. 贝氏体连续冷却转变动力学

贝氏体连续冷却转变动力学可用过冷奥氏体连续冷却转变图（CCT 曲线）描述。当冷

却速率较慢时,过冷奥氏体发生珠光体转变;当冷却速率很快时,过冷奥氏体发生马氏体转变;当冷却速率适中时,过冷奥氏体发生贝氏体转变或者部分发生贝氏体转变。

连续冷却时的贝氏体转变是在一个温度范围内发生的,该温度范围主要受冷却速率和化学成分影响。转变开始温度通常会随冷却速率的减慢而升高,最终升高到 Bs 温度后保持不变。特别需要注意的是,中低碳钢等成分明显偏离共析成分的钢以较低冷却速率发生贝氏体转变之前,奥氏体中会析出较多的先共析铁素体,铁素体中的碳和一些合金元素会扩散到未转变的过冷奥氏体中,此时贝氏体转变的温度区间应该以碳和合金元素富集后的奥氏体成分进行分析,而不是钢的原始化学成分。

有些钢在连续冷却过程中不发生贝氏体转变,如高碳钢或高铬工具钢。这些钢贝氏体转变的孕育期长,连续冷却时不能发生贝氏体转变,缓慢冷却时发生完全的珠光体转变。再如,在适中的冷却速率下,共析钢首先发生部分珠光体转变,剩余的过冷奥氏体在冷却到 Ms 温度后直接发生马氏体转变,冷却速率较快时,奥氏体直接转变为马氏体,也不发生贝氏体转变。

5.3.4 影响贝氏体转变的因素

1. 化学成分

碳和合金元素(除 Co、Al 以外)都能延缓贝氏体转变,使贝氏体转变曲线右移。图 5-13 为 Bhadeshia 等根据动力学理论计算的各种合金的等温转变图,图 5-14 为硼元素对等温转变图影响的示意图。

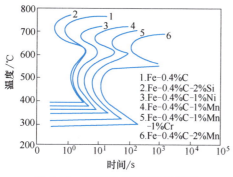

图 5-13 根据动力学理论计算的各种合金的等温转变图

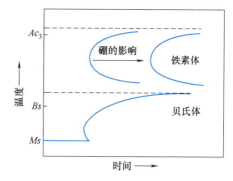

图 5-14 硼元素对等温转变图影响的示意图

不同元素延缓贝氏体转变的机理不同。碳含量升高不利于贝氏体铁素体的形核,因为贝氏体铁素体优先在贫碳区形核;Ni 和 Mn 降低奥氏体的自由能,提高铁素体的自由能,降低相变驱动力,使贝氏体转变速率降低;Cr、W、Mo、V、Ti 等元素与碳的亲和力较大,能提高碳在奥氏体中的扩散激活能,延缓奥氏体中贫碳区的形成,增加贝氏体形成的孕育期;Si 等非碳化物形成元素可阻碍贝氏体转变时碳化物的析出,使奥氏体富碳,不利于贝氏体铁素体的长大和继续形核,延缓贝氏体转变。

不同元素延缓贝氏体转变和珠光体转变的程度不同,对贝氏体转变和珠光体转变的温度区间也会产生影响。如 W、Mo、V、Ti 能延缓贝氏体转变和珠光体转变,但对前者的作用远不如后者明显,使贝氏体转变 C 曲线和珠光体转变 C 曲线在横坐标(时间坐标)方向左右分离。Cr 能提高珠光体转变温度，降低贝氏体转变温度，使贝氏体转变 C 曲线和珠光体转变 C 曲线在纵坐标（温度坐标）方向上下分离。

2. 原始组织

奥氏体晶粒尺寸越大，化学成分越均匀，贝氏体铁素体形核的贫碳区和奥氏体晶界越少，使贝氏体铁素体形核的孕育期延长，形核率降低，贝氏体转变速率减慢。

奥氏体晶粒大小对上贝氏体形成速率影响较大，对下贝氏体影响较小。因为上贝氏体中的铁素体主要在奥氏体晶界形核，而下贝氏体中的铁素体既可以在奥氏体晶界形核，也可以在奥氏体晶粒内部形核。

3. 工艺条件

1）加热工艺。加热温度越高，保温时间越长，奥氏体晶粒越粗大，成分越均匀，碳和合金元素在奥氏体中溶解越充分，未溶第二相数量越少，这些都会降低贝氏体转变速率。

2）冷却工艺和其他一些外部因素。在贝氏体转变温度区间的较高温度范围，随着等温温度的降低，过冷度增加，相变驱动力增大，贝氏体转变速率提高。在贝氏体转变温度区间的较低温度范围，随着等温温度的降低，原子扩散能力减弱，贝氏体转变速率降低。

3）过冷奥氏体在不同温度等温停留对贝氏体转变也有影响。当过冷奥氏体在珠光体转变和贝氏体转变之间的温度等温停留时，会促进随后的贝氏体转变，这可能与等温停留过程中奥氏体析出碳化物使其碳和合金元素含量降低有关；当过冷奥氏体在贝氏体转变温度区间较高温度等温停留或发生部分贝氏体转变时，会减慢随后在较低温度的贝氏体转变，这可能与过冷奥氏体热稳定化和先期贝氏体转变使未转变的奥氏体碳含量升高有关；当过冷奥氏体在贝氏体转变温度区间的较低温度或 M_s 以下等温停留时，可使随后在较高温度下的贝氏体转变加速，这可能与较低温度下发生部分贝氏体转变或马氏体转变形成的应力和应变导致的附加驱动力有关。

4）施加应力。对过冷奥氏体施加拉应力可促进贝氏体转变（图 5-15），施加压应力阻碍贝氏体转变，因为奥氏体向贝氏体转变也伴随着体积膨胀。另外，拉应力还可加速原子扩散，也利于贝氏体转变。

5）塑性变形。对高温（800～1000℃）奥氏体进行塑性变形可减慢贝氏体转变，因为奥氏体内部会发生回复，形成多边形亚结构以及亚晶界，阻碍铁素体切变长大。在 B_s 温度以下对过冷奥氏体进行塑性变形，可促进贝氏体转变，因为塑性变形使过冷奥氏体位错密度升高，产生附加驱动力，同时还促进了原子扩散。

6）外加磁场。外加磁场可提高贝氏体转变温度，使贝氏体转变加速。

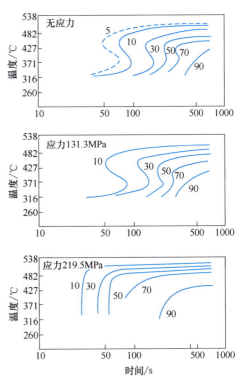

图 5-15 拉应力对 0.3C-1.2Cr-3.5Ni 钢贝氏体转变动力学的影响

第5章 贝氏体转变

习　题

1. 画出上贝氏体和下贝氏体的组织形态示意图。
2. 从转变温度、形成机制、力学性能等角度分析上贝氏体和下贝氏体的区别。
3. 与珠光体转变相比，贝氏体转变中碳元素的扩散行为有哪些不同？
4. 为什么相同成分钢的贝氏体硬度普遍比珠光体高？
5. 低碳、超低碳贝氏体钢板普遍用于生产石油管线、汽车面板等，这些钢板中一般不出现上贝氏体和下贝氏体。结合贝氏体的定义和碳含量特点，推测其显微组织的形态和组成方式。
6. 中碳粒状贝氏体钢是机械制造用钢的发展趋势之一，请分析粒状贝氏体的组织特点。为避免出现塑韧性明显降低，粒状贝氏体钢中应尽量避免出现上贝氏体，请解释其中的原因。
7. 贝氏体形成机制的探索过程中，以柯俊、徐祖耀等为代表的中国材料学家做出了杰出的贡献。这些学者虽然观点不同，但寻求真理的科学态度是相同的。请简述两种主要的贝氏体形成机制的区别。谈一谈这些科学家对我们今后学习和工作有何启发？

Chapter 6

第6章 马氏体转变

钢在加热到奥氏体化温度以上并保温一段时间之后,快速冷却以抑制其扩散性分解,在较低的温度下发生的无扩散型相变称为马氏体转变。钢的这种热处理工艺一般称为淬火,由淬火(除等温淬火外)得到的组织一般称为马氏体。马氏体具有很高的强度和硬度,但是塑性和韧性变差,因此,马氏体转变是钢件热处理强化的主要手段。由于马氏体转变发生在较低的温度,铁原子不能扩散,碳原子也难以扩散,转变过程中铁的晶格改组是由切变方式完成的,是典型的无扩散型相变。

6.1 钢中马氏体的晶体结构和组织形态

6.1.1 马氏体的晶体结构

钢中马氏体的性质主要取决于其晶体结构。早在20世纪20年代中期,人们已经发现钢中马氏体是碳在α-Fe中的过饱和固溶体,但碳原子在马氏体点阵中的分布是在后期研究中才逐渐清楚的。上述马氏体的定义也不完全适用于钢,因为有时钢中的马氏体不含碳,马氏体还可能是密排六方结构等,因此,在1995年的国际马氏体相变会议上,徐祖耀将马氏体定义为"马氏体是冷却时马氏体相变的产物",将马氏体相变定义为"替换原子经无扩散位移(均匀和不均匀形变),由此产生形状改变和表面浮凸、呈不变平面应变特征的一级形核长大型的相变"。徐祖耀长期从事材料科学、相变理论和材料热力学方面的研究,在马氏体相变、贝氏体相变、形状记忆材料等领域颇有建树。他还提出淬火-分配-回火(Q-P-T)新工艺,Q-P-T钢已成为国际上新一类超高强度钢,为钢铁材料发展做出了杰出贡献。

由于钢中常见的马氏体是碳在α-Fe中的过饱和固溶体,其晶体结构虽与α-Fe不同,但有相似之处。α-Fe为体心立方结构,马氏体中碳原子分布于α-Fe体心立方晶胞的各棱边中央和面心位置,实际上是由铁原子组成的扁八面体间隙中,如图6-1所示。根据计算,α-Fe点阵中的八面体间隙在短轴方向上的半径仅为0.19Å(1nm=10Å),而碳原子的有效半径为0.77Å,因此,平衡状态下碳在α-Fe中的溶解度极小(室温时仅为0.0008%)。一般钢中马氏体的碳含量远远超过这个数值,

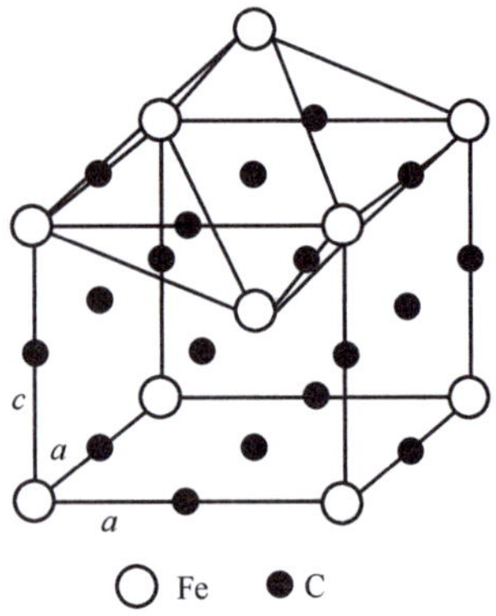

图6-1 体心正方点阵示意图

所以必然引起点阵畸变。间隙碳原子溶入铁原子点阵的扁八面体间隙之后，力图使其变成正八面体，结果使短轴方向上的铁原子间距伸长，而另外两个方向上的铁原子间距收缩，导致体心立方点阵变成了体心正方点阵。

用 c/a 比值表示马氏体的正方度，其大小取决于碳含量。碳含量（$w(C)$）越高，点阵中被填充的碳原子数量越多，马氏体正方度越大，二者关系可用 $c/a = 1+(0.046\pm0.001)w(C)$ 表述。但有些钢中马氏体的正方度与碳含量之间并不符合这一关系，即出现马氏体的反常正方度。如 Ms 点低于 0℃ 的锰钢在液氮温度下获得的马氏体正方度就低于上述关系式，称为反常低正方度，而某些高铝钢和高镍钢淬火获得的马氏体正方度却高于上述关系式，称为反常高正方度。马氏体的反常正方度与碳原子在马氏体点阵中的分布情况有关，碳原子分布越有序，则正方度越高，反之则越低，这一现象的发现对研究马氏体的形成过程和转变机理有着重要影响。

6.1.2 马氏体的组织形态

钢中马氏体的组织形态随钢的碳含量、合金元素含量以及马氏体的形成温度等而变化，主要有五种，即板条状马氏体、透镜片状马氏体、蝶状马氏体、薄片状马氏体及 ε 马氏体。其中以板条状马氏体及透镜片状马氏体最为常见，也最为重要。

1. 板条状马氏体

板条状马氏体是低中碳钢、马氏体时效钢、不锈钢等材料中形成的一种典型的马氏体组织，其光学显微组织形貌如图 6-2a 所示。因其显微组织是由许多成群的板条组成，故称为板条状马氏体。又因为这种马氏体的亚结构主要为位错（图 6-2b），通常也称为位错型马氏体。板条状马氏体（M）与奥氏体（γ）的位向关系绝大多数符合 K-S 关系，即 $\{111\}_\gamma$//$\{011\}_M$、$<110>_\gamma$//$<111>_M$。

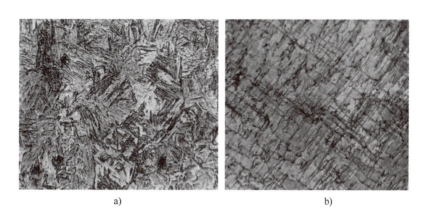

图 6-2 板条状马氏体
a）光学显微组织形貌　b）板条马氏体中的位错

图 6-3 所示为板条状马氏体的精细结构示意图。一个原奥氏体晶粒由几个马氏体"束"构成，一个束内有几个不同取向的"块"。每个"块"则由相互平行的"板"或"条"组成，"板"或"条"是板条状马氏体的基本单元。板条界的取向差较小，约为 10°，属于小角度晶界，而块界和束界的取向差较大，属于大角度晶界。

2. 透镜片状马氏体

透镜片状马氏体是铁基合金中一种典型的马氏体组织，常见于淬火态的中高碳钢中。当碳含量低于 1.0%（质量分数）时，透镜片状马氏体与板条状马氏体共存。只有当碳含量高于 1.0%（质量分数）时，透镜片状马氏体才单独存在。

透镜片状马氏体的立体形状是双凸透镜片状，与试样表面相截成针状或竹叶状，故又称片状马氏体或针状马氏体，如图 6-4 所示。透镜片状马氏体的亚结构主要是 $\{112\}_\gamma$ 孪晶，所以也称其为孪晶马氏体。当奥氏体被过冷到 Ms 点以下

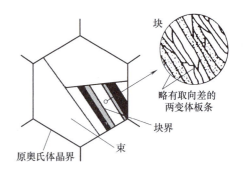

图 6-3 板条状马氏体的精细结构示意图

时，最先形成的第一片马氏体将贯穿整个奥氏体晶粒，将晶粒分为两半。由于马氏体不能互相穿越，也不能穿过母相晶界和孪晶界，导致后形成的马氏体生长受到限制，使马氏体大小不一。多数透镜片状马氏体的中间有一条中脊线（按立体应为中脊面），其厚度为 0.5~1μm。一般认为中脊面是最先形成的，因此中脊面被视为转变的惯习面。在马氏体的周围往往存在残留奥氏体，表明马氏体转变不完全。

3. 其他形态马氏体

（1）蝶状马氏体　在 Fe-Ni 合金中，当马氏体在板条状马氏体和片状马氏体的形成温度范围之间形成时，会出现一种立体外形为 V 形柱状、横截面呈蝶状的马氏体，称为蝶状马氏体，其显微组织形态如图 6-5 所示。Fe-Ni 合金中蝶状马氏体两翼的惯习面为 $\{225\}_\gamma$，两翼相交的

图 6-4 透镜片状马氏体

结合面为 $\{100\}_\gamma$。电镜观察证实，蝶状马氏体的内部亚结构为高密度位错，无孪晶存在，与母相的晶体学位向关系大体上符合 K-S 关系。

a) b) c)

图 6-5 蝶状马氏体
a) Fe-Ni-V-C 合金　b) Fe-Ni-Cr-W-Mn-Si-C 合金（明场像）
c) Fe-Ni-Cr-W-Mn-Si-C 合金（暗场像）

(2) 薄片状马氏体 在 Ms 点极低的 Fe-Ni-C 合金中可观察到一种厚度为 $3\sim10\mu m$ 的薄片状马氏体,与试样磨面相截呈宽窄一致的平直带状,带可以相互交叉,呈现曲折、分枝等形态,但平直的带中无中脊,这是它与片状马氏体的不同之处,如图 6-6 所示。薄片状马氏体的惯习面为 $\{259\}_\gamma$,马氏体与奥氏体之间的位向关系为 K-S 关系,内部亚结构为 $\{112\}_\gamma$ 孪晶,孪晶的宽度随碳含量升高而减小。

(3) ε 马氏体 上述各种马氏体都是具有体心立方或体心正方点阵结构的马氏体,而在奥氏体层错能较低的 Fe-Mn-C 或 Fe-Ni-C 合金中有可能形成具有密排六方点阵结构的 ε 马氏体。ε 马氏体呈极薄的片状,厚度仅为 $100\sim300nm$,其内部亚结构为高密度层错,如图 6-7 所示。

图 6-6 薄片状马氏体

图 6-7 ε 马氏体

4. 影响马氏体形态的因素

(1) 化学成分 母相奥氏体的化学成分是影响马氏体形态及其内部结构的主要因素,其中碳含量尤为重要。在 Fe-C 合金中,碳含量低于 0.3%(质量分数)的形成板条状马氏体,碳含量高于 1.0%(质量分数)的形成片状马氏体,碳含量在 0.3%~1.0%(质量分数)之间的形成板条和片状马氏体的混合组织。在 Fe-Ni-C 合金中,随碳含量增加,马氏体的形态和亚结构也由板条状向片状以及薄片状转变,如图 6-8 所示。

合金元素中,能缩小 γ 相区的均能促进板条状马氏体的形成,能扩大 γ 相区的将促使马氏体形态从板条状转变为片状,能显著降低奥氏体层错能的合金元素(如 Mn)可促进板条马氏体的形成。

(2) 马氏体形成温度 由于马氏体转变是在 $Ms\sim Mf$ 的温度范围内进行的,因此,对于一定成分的奥氏体来说,有可能转变成几种不同形态的马氏体。随马氏体形成温度的降低,马氏体的形态将按板条状→透镜片状→蝶状→薄片状的顺序转变。Ms 点高的奥氏体(如 $w(C)<0.3\%$ 的碳钢)有可能只形成板条状马氏体,Ms 点略低的奥氏体(如 $w(C)=0.3\%\sim0.6\%$ 的碳钢)有可能形成板条状与透镜片状马氏体的混合组织,Ms 点更低的奥氏体(如 $w(C)>$

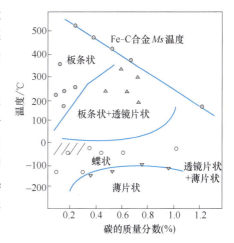

图 6-8 Fe-Ni-C 合金马氏体形貌与碳含量和转变温度的关系

1.0%的碳钢）不再形成板条马氏体，转变一开始就形成透镜片状马氏体，M_s 点极低的奥氏体只能形成薄片状马氏体。

（3）**奥氏体的层错能** 奥氏体的层错能越低，相变孪晶生成越困难，形成板条状马氏体的倾向越大。如 18-8 型不锈钢和 1.1C-8Cr 钢的层错能都较低，即使在液氮温度下也只能形成板条状马氏体。

（4）**奥氏体和马氏体的强度** 马氏体的形态还与 M_s 点处的奥氏体及马氏体的屈服强度有关。当奥氏体的屈服强度小于 196MPa 时，如形成的马氏体强度较低，则得到惯习面近 $\{111\}_\gamma$ 的板条状马氏体；如形成的马氏体强度较高，则得到惯习面为 $\{225\}_\gamma$ 的透镜片状马氏体；当奥氏体的屈服强度大于 196MPa 时，则形成惯习面为 $\{259\}_\gamma$ 的透镜片状马氏体。

6.2 马氏体转变的特征

马氏体转变是在低温下进行的一种相变。对于钢来说，此时铁原子以及置换型原子不能扩散，间隙型碳原子也难以扩散，故马氏体转变具有一系列不同于扩散型相变的特征。

1. 表面浮凸与界面共格

马氏体转变时能在预先磨光的试样表面上出现倾动，形成表面浮凸（图 6-9），这表明马氏体转变是通过奥氏体均匀切变进行的。正是由于奥氏体中已经转变为马氏体的部分发生了宏观切变而使点阵发生改组，带动靠近界面的还未转变的奥氏体发生了弹塑性变形，使磨光的试样表面出现部分凸起。马氏体形成是以切变方式实现的，马氏体和奥氏体之间界面上的原子是共有的，既属于马氏体，又属于奥氏体，整个相界面是相互牵制的，这种界面称为切变共格界面。

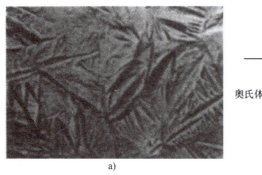
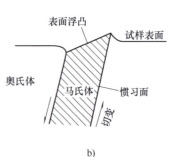

图 6-9 钢中马氏体转变形成的表面浮凸
a）组织图 b）示意图

在具有共格界面的新旧两相中，原子位置有对应关系，新相长大时，原子只做有规律的迁移而不改变界面的共格情况。共格界面的弹性应变能较大，随着马氏体的形成，会在其周围奥氏体点阵中产生一定的弹性应变，积蓄一定的弹性应变能，当马氏体长大到一定尺寸，界面上奥氏体弹性应力超过其弹性极限时，两相间的共格关系即遭到破坏，马氏体便停止长大。但在一些非铁合金中，马氏体形成长大过程中始终依靠相邻母相的弹性变形来协调，保持界面共格关系,这样的马氏体片可随温度降低而长大,随温度升高而缩小,称为热弹性马氏体,它是形状记忆合金材料的发展基础。

2. 马氏体转变的无扩散性

马氏体转变是低温下的转变,属于无扩散型相变。无扩散型相变时,母相以均匀切变方式转变为新相,相变前后原子之间的相对位置并没有发生改变,而是整体进行了一定的位移,这种转变被形象比喻为"军队式转变"。相反,扩散型相变时,相界面向母相推移时原子以散乱方式由母相转移到新相,每个原子移动方向是任意的,原子相邻关系被破坏。相对于无扩散型相变的有序性,扩散型相变则被形象地比喻为"平民式转变"。

马氏体转变的无扩散性特点可由实验证据得到证明。一是碳钢中马氏体转变前后碳含量无变化,奥氏体和马氏体的成分一致,仅发生晶格改组,并发生均匀切变。当然,也有实验观察到低碳马氏体在形成时周围奥氏体碳含量上升的现象。二是马氏体转变可以在相当低的温度范围内进行,并且转变速度极快。

3. 具有一定的惯习面和位向关系

马氏体转变的晶体学特点是新相和母相之间存在一定的位向关系,因为马氏体转变进行时原子不需要扩散,只做有规则的很小距离的移动,转变过程中新相和母相界面始终保持着切变共格。在钢中常见的位向关系有 K-S 关系、西山关系和 G-T 关系。

(1) K-S 切变模型 1930 年 Курдюмов 和 Sachs 就提出了奥氏体转变为马氏体的切变模型,如图 6-10 所示,简称为 K-S 模型。图中 I 的点阵是 $(111)_\gamma$ 面按 $ABCABC\cdots\cdots$ 的顺序自下而上堆砌而成的,它在底层 $(111)_\gamma$ 面上的投影如其下方的投影图所示。该面心立方点阵转变为体心立方点阵的过程如下:首先点阵中各 $(111)_\gamma$ 面上的原子相对于下一层原子沿 $[\bar{2}11]_\gamma$ 方向进行第一次切变,切变角为 $11°44'$,使 C 层原子的投影与 A 层原子重叠,如图

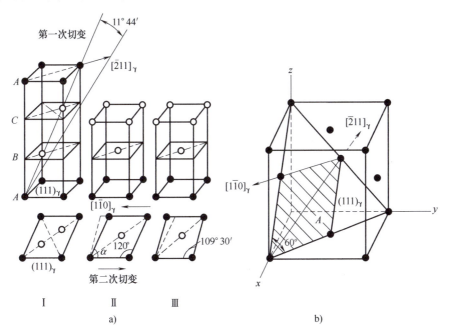

图 6-10 K-S 切变模型

a) 切变过程示意图 b) 切变晶面和晶向在晶胞中的位置

中Ⅱ所示，然后（112）$_\gamma$ 面上的原子再相对于前一层原子沿 [1$\overline{1}$0]$_\gamma$ 方向进行第二次切变，切变角为 10°30′，使菱形面的夹角从 120° 变为 109°30′，如图中Ⅲ所示，最后还要做一些小的调整（膨胀或收缩），使晶面间距与实测结果相符合。上述过程没有考虑碳原子的存在，若考虑碳原子的存在，则第二次切变的切变量要略小些，使菱形面的夹角从 120° 变为 111°，最后得到体心正方点阵。

K-S 模型清晰地展示了面心立方奥氏体转变为体心正方马氏体的切变过程，并能很好地反映新相与母相之间的晶体学取向关系。但按此模型，马氏体的惯习面似乎应为 {111}$_\gamma$，而实际上只有低碳钢才如此，高碳钢的惯习面是 {225}$_\gamma$ 或 {259}$_\gamma$。此外，由 K-S 模型引起的表面浮凸也与实测结果相差较大。

(2) **西山切变模型** 1934 年 Z. Nishiyama（西山）在 Fe-Ni 合金单晶中发现，在室温以上形成的马氏体具有 K-S 关系，在 -70℃ 以下形成的马氏体中存在 "{011}$_M$ // {111}$_\gamma$、<211>$_\gamma$ // <1$\overline{1}$0>$_M$" 的位向关系，这一关系称为西山关系。与 K-S 关系相比，两者的晶面平行关系相同，但晶向平行关系却相差 5°16′，如图 6-11 所示。西山模型具有与 K-S 模型相同的缺点，也与实测结果不符。

(3) **G-T 切变模型** G-T 切变模型是另一种两次切变模型，其切变过程如图 6-12 所示。首先在接近于 {259}$_\gamma$ 的晶面上发生均匀切变，产生整体的宏观变形，使抛光的试样表面出现浮凸。这个阶段的转变产物是复杂的三棱结构，还不是体心正方点阵，不过它有一组晶面，其晶面间距和原子排列都与马氏体的 {112}$_M$ 面相同。接着在 (112)$_M$ 晶面的

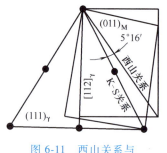

图 6-11 西山关系与 K-S 关系的比较

[1$\overline{1}$1]$_M$ 方向上以滑移或孪生的方式进行 12°~13° 的第二次切变，使三棱点阵变为体心正方点阵，并形成位错或孪晶亚结构。这次切变发生在三棱点阵范围内，是宏观不均匀切变，对第一次切变形成的浮凸也无明显影响。最后点阵做一些微小的调整，使晶面间距与实测结果相一致。

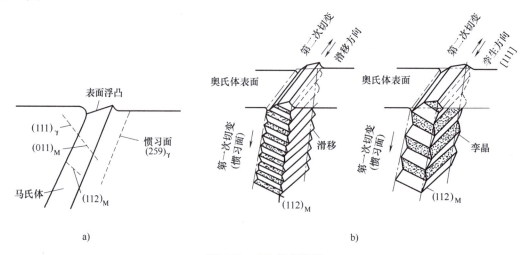

图 6-12 G-T 切变模型
a) 平面示意图 b) 立体示意图

G-T 模型比较圆满地解释了马氏体转变的点阵改组、宏观变形、惯习面、位向关系和晶内亚结构等，但仍不能解释 $\{111\}_\gamma$ 和 $\{225\}_\gamma$ 惯习面等问题。

4. 非恒温转变与转变的不完全性

马氏体转变开始后，必须不断降温才能继续发生转变。冷却中断，转变立即停止。虽然有时马氏体转变也出现等温转变情况，但等温转变普遍都不能使马氏体转变进行到底，所以马氏体转变总是需要在一个温度范围内连续冷却才能完成。

在很多情况下，冷却到 Mf 后仍不能得到 100% 马氏体，而保留一定数量的未转变的奥氏体。如果钢的 Ms 低于室温，则淬火到室温得到的全是奥氏体。如果钢的 Ms 点在室温以上，Mf 点在室温以下，则淬火到室温将保留相当数量的未转变奥氏体，通常称为残留奥氏体。如果此时继续冷却，残留奥氏体将继续转变为马氏体，这种低于室温的冷却，生产上称为冷处理。

5. 马氏体转变的可逆性

奥氏体冷却时可以通过马氏体转变机制转变为马氏体，反之，马氏体也可以重新加热通过逆向马氏体转变机制转变为奥氏体，即马氏体转变具有可逆性。

一般将加热时马氏体向奥氏体的相变称为逆相变。与冷却时马氏体的 Ms 及 Mf 相对应，逆相变也有相变开始点 As 及相变终了点 Af。通常 Af 比 Ms 高，两者之差由合金成分决定，如 Ad-Cd、Ag-Cd 等合金两者相差 20~50℃，Fe-Ni 合金两者相差却大于 400℃。

在 Fe-C 合金中难以观察到马氏体的逆转变，因为此时马氏体是碳在 α-Fe 中的过饱和固溶体，加热时极易分解，在尚未加热到 As 点时马氏体就已经分解了，所以得不到马氏体的逆转变。可以推想，如果以极快的速度加热，使马氏体在加热到 As 点前来不及分解，则可能出现马氏体的逆转变，当然这一推测还有待进一步的实验验证。

事实上，马氏体转变区别于其他相变的最基本特点只有两个：一是相变是以切变共格的方式进行的，二是相变的无扩散性。所有其他特点都可由这两个基本特点派生出来。有时，在其他类型相变中也会看到个别特点与马氏体转变特点相似，但并不能说明它们也是马氏体转变。

6.3 马氏体的力学性能

钢中马氏体最重要的性能是高强度、高硬度。

1. 马氏体的强度

马氏体的强化机制包括固溶强化、时效强化和相变强化。

(1) 固溶强化 碳原子对马氏体的固溶强化效应是由于碳原子造成点阵不对称畸变引起的。由于体心立方的八面体间隙为扁八面体，碳原子的溶入使扁八面体短轴方向膨胀 36%，另两个方向收缩 4%，点阵结构变为体心正方。这种由碳原子造成的不对称畸变可视为一个强烈的应力场，碳原子处于应力场的中心。该应力场与位错产生强烈的交互作用，使马氏体的强度提高。当碳含量超过 0.4%（质量分数）时，由于碳原子靠得太近，使得应力场之间因相互抵消而降低了应力，导致马氏体强度降低，但高碳马氏体是在低温下形成的孪晶马氏体，其强化效应还包含了孪晶对马氏体的强化作用，因此，高碳孪晶马氏体的强度仍高于低碳位错马氏体。

置换型合金元素对马氏体的固溶强化效应要小得多，所以，马氏体的强度对这类合金元素含量的依赖性较小。

(2) 时效强化 将 Fe-Ni-C 合金淬火试样在 0℃ 停留 3h 后发现，碳原子通过扩散在晶体孪晶面上偏聚（只需要数秒至数分钟），引起时效强化，使马氏体的强度进一步提高。碳含量越高，时效强化效果越显著。

(3) 相变强化 马氏体相变时，第二次不均匀切变在晶体内造成大量微观缺陷（位错、孪晶），使马氏体得到强化，此即相变强化。

此外，原始奥氏体晶粒大小及马氏体大小对马氏体的强度也有贡献。

2. 马氏体的硬度

随着钢中碳含量的增加，马氏体硬度升高，淬火钢的硬度也升高，当碳含量超过 0.6%（质量分数）以后，虽然马氏体硬度继续升高，但残留奥氏体量增多（图 6-13），导致淬火钢硬度不再升高，甚至有所下降。

3. 马氏体的韧性

对不同碳含量的马氏体及低温回火马氏体的冲击韧性研究发现，碳含量小于 0.4%（质量分数）时，马氏体具有较高的韧性，随着碳含量增加，韧性显著下降，当碳含量增至 0.6%（质量分数）时，马氏体即使经低温回火，其冲击韧性仍然很低。

在同样的屈服强度下，位错马氏体的断裂韧度远高于孪晶马氏体。随着合金强度的升高，马氏体韧性下降。

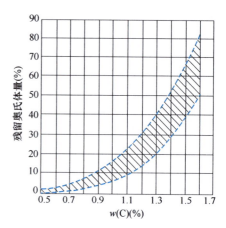

图 6-13 淬火钢中残留奥氏体量与其含碳量的关系

经回火后，位错马氏体的韧性仍比孪晶马氏体的高，且随回火温度的升高，位错马氏体的韧性较孪晶马氏体的上升快得多。但当位错马氏体在 250~300℃ 回火时，可能由于碳化物沿马氏体条间析出，呈现回火脆性，反而使韧性下降。

6.4 马氏体转变热力学与转变动力学

6.4.1 马氏体转变热力学

根据相变的一般规律，系统的自由能变化 $\Delta G<0$ 时，相变才能进行。奥氏体与马氏体自由能随温度的变化情况如图 6-14 所示。由图 6-14 可见，当温度大于 T_0 时，奥氏体自由能小于马氏体自由能，奥氏体为稳定相，马氏体应转变为奥氏体；当温度低于 T_0 时，马氏体自由能小于奥氏体自由能，马氏体是稳定相，奥氏体应转变为马氏体，但实际上奥氏体向马氏体的转变并不是冷却到 T_0 以下就立即发生，而是过冷到 T_0 以下某一温度 Ms 时马氏体转变才能进行。也就是说，只有在足够大的自由能驱动力作用下，马氏体转变才能发生。Ms 与 T_0

之差称为热滞，代表转变所需的驱动力，其大小视合金而异。与冷却时的奥氏体→马氏体转变相同，加热时马氏体→奥氏体的逆转变也是在 T_0 以上某一温度 As 才发生。

马氏体转变的热滞取决于马氏体转变时增加的界面能与弹性应变能之和。一般情况下，马氏体与奥氏体的界面多为共格界面，界面能较低，弹性应变能是主要的影响因素。马氏体转变时，弹性应变能包括因新相与母相比体积不同及维持切变而引起的弹性应变能、产生宏观均匀切变而做的功、产生不均匀切变而在马氏体内形成高密度位错或孪晶所消耗的能量以及近邻奥氏体基体发生的协作形变而做的功。因此，马氏体转变时需要增加的能量比较多，相变阻力比较大，需要很大的过冷度才能进行，而且在中高碳钢中，即使温度降低到 Ms 以下，奥氏体也不能全部转变为马氏体，总有残留奥氏体存在。

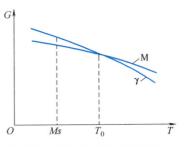

图 6-14 奥氏体与马氏体自由能随温度的变化情况

6.4.2 影响 Ms 点的因素

Ms 点是马氏体转变的一个重要参数，也是制定钢铁热处理工艺的主要参考依据，其高低决定了钢中奥氏体发生马氏体转变的温度范围及冷却到室温所得的组织状态。因此，了解影响 Ms 点的因素十分必要。

1. 母相的化学成分

母相的化学成分是影响 Ms 点的主要因素。图 6-15 给出了钢中碳含量对 Ms 和 Mf 的影响。由图可见，随碳含量增加，Ms 和 Mf 不断下降，但下降趋势不同。当 $w(C)<0.6\%$ 时，Mf 比 Ms 下降得快，扩大了马氏体转变的温度范围；当 $w(C)>0.6\%$ 时，Mf 低于室温，冷却到室温时仍将保留较多的残留奥氏体。与碳一样，氮也强烈降低奥氏体的 Ms 点。多数合金元素均降低 Ms 点，但作用相对较弱。

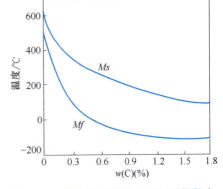

图 6-15 碳含量对碳钢 Ms 和 Mf 的影响

2. 奥氏体的晶粒大小和强度

在母相奥氏体成分相同的情况下，奥氏体的晶粒大小对 Ms 点有明显的影响。研究表明，加热温度越高，奥氏体晶粒越粗大，屈服强度越低，母相切变时需要克服母相晶体的阻力越小，Ms 越高。

3. 冷却速率

只有当冷却速率大于临界冷却速率时，奥氏体才能过冷到 Ms 点以下转变为马氏体。如果进一步提高冷却速率，则 Ms 点也会发生变化。如 Fe-0.5C 合金，当冷却速率增加到 6600℃/s 时，Ms 点将上升，马氏体硬度也会提高；加入降低碳原子扩散的元素（如 Co、W），则冷却速率增至 5000℃/s 可使 Ms 点升高；加入加快碳原子扩散的元素（如 Ni、Mn），则冷却速率需增至 13000℃/s 才能使 Ms 点升高。一般工业用淬火冷却介质的冷却速率对 Ms 点基本没有影响。

4. 应力和塑性变形

钢中存在应力将引起 M_s 点的变化。例如，0.5C-20Ni 钢经 1095℃ 奥氏体化后，在 -21.9℃（M_s 点为 -37℃）将试样弹性弯曲，发现在受拉应力的一侧发生了马氏体转变，而在受压应力的一侧仍保持为奥氏体态。这是因为马氏体的比体积大，转变时要产生体积膨胀，拉应力（也包括单向压应力）状态必然会促进马氏体形成，使 M_s 点升高，但 MB 点（马氏体爆发式转变温度）下降，多向压应力则会阻止马氏体形成，使 M_s 和 MB 点均下降。

塑性变形对马氏体转变也有很大影响。在 M_s 点以上一定温度范围内，塑性变形会诱发马氏体转变，称为形变诱发马氏体。马氏体转变量与变形温度和变形量有关。一般情况下，变形量越大，形变诱发马氏体越多，但当变形温度超过一定值时，变形不再能诱发马氏体转变，这一温度被称为形变马氏体点 M_d。

塑性变形虽能诱发形变马氏体转变，但对随后冷却过程中发生的马氏体转变起抑制作用，如图 6-16 所示。当变形量 $\psi > 1.5\%$ 时，即可看到形变诱发马氏体的作用，但随着变形量的增加，随后冷却时所形成的马氏体量越来越少。当变形量 $\psi = 72\%$ 时，随后冷却时的马氏体转变几乎被完全抑制，这种现象称为奥氏体的机械稳定化。其原因可能是大塑性变形强化了奥氏体，阻碍了马氏体转变。这种机械稳定化在 M_s 点以下和 M_d 点以上同样存在。

5. 珠光体转变和贝氏体转变

若在马氏体转变前奥氏体已部分转变为珠光体组织，由于珠光体优先在奥氏体的富碳区形成，剩余的奥氏体相对贫碳，将导致 M_s 点上升；若在马氏体转变前奥氏体已部分转变为贝氏体组织，由于贝氏体优先在奥氏体的贫碳区形成，剩余的奥氏体相对富碳，将导致 M_s 点下降。

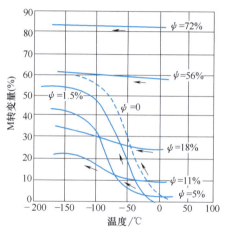

图 6-16 室温预时效对 Fe-Ni-Mn 钢马氏体转变量的影响

6.4.3 马氏体转变动力学

与其他转变一样，马氏体转变也是通过形核和长大过程进行的，其转变速率取决于形核率和长大速率。多数马氏体的长大速率较高，因此，形核率是马氏体转变动力学的主要控制因素。国内外研究者曾提出多种模型来解释马氏体转变的形核机制，但都不够完善。一般认为，马氏体转变是不均匀形核，是在奥氏体中某些有利位置（如位错、层错、晶界等处）通过能量及结构起伏形成大小不同的具有马氏体结构的微区，这样的微区被称为核胚。从经典相变理论可知，冷却温度越低，过冷度越大，临界晶核尺寸就越小。当奥氏体被过冷至 M_s 以下某一温度，该温度下临界晶核尺寸的核胚就能成为晶核，长大成马氏体。

马氏体转变动力学的形式主要分为三种：变温转变、等温转变、爆发式转变。

1. 变温转变

变温转变的特点是当奥氏体被过冷到 M_s 点以下某一温度时，马氏体晶核能瞬时形成并即刻长大到极限尺寸。若不再降温，转变即告终止。只有继续降低温度，转变才能继续。马氏体量的增加主要是通过新马氏体片的形成,而不是通过原有马氏体片的进一步长大。由此可见,马氏体的量取决于冷却温度 T_q,也就是 Ms 点以下的过冷度 $(Ms-T_q)$,而与在该温度的保温时间无关。

钢的 Ms 点虽因成分不同而不同,但若 Ms 点高于 100℃,则在 Ms 点以下的马氏体转变都十分相似。根据大量的实验结果归纳得到,碳含量在 1%(质量分数)左右的碳钢和低合金钢的马氏体转变体积分数 f 与冷却温度 T_q 之间的关系为:$f = 1 - 6.959 \times 10^{-5} \times (455 - Ms - T_q)^{5.32}$,这表明马氏体变温转变不存在热激活形核,因此也把变温转变称为非热学性转变。由于马氏体转变时的相变驱动力很大,而长大激活能极小,使得马氏体长大速率极快。据测定,低碳型和高碳型马氏体的长大速率分别为 10^{-2} mm/s 和 10^{-5} mm/s 数量级,长成一片马氏体所需要的时间仅为 $10^{-7} \sim 10^{-4}$ s。

大多数碳钢和合金钢的马氏体转变属于变温转变。

2. 等温转变

马氏体的等温转变最早是在 Fe-Ni-Mn 合金、Fe-Ni-Cr 合金和 1.1C-5.2Mn 钢中发现的。这类材料的 Ms 点均在 0℃ 以下,其马氏体转变完全是在等温过程中形成的。等温转变时,随等温时间的延长马氏体量增多,即转变量是等温时间的函数,这表明马氏体晶核也能通过热激活形成。图 6-17 所示为典型的 Fe-Ni-Mn 合金马氏体等温转变动力学曲线,呈 C 曲线特征,在 -140℃ 附近转变速度最快。等温转变的主要特点为,马氏体形核需要一定的孕育期,等温马氏体的形成包括原有马氏体的继续长大和新马氏体的形成。

3. 爆发式转变

Fe-Ni、Fe-Ni-C 等合金的 Ms 点低于 0℃,奥氏体被过冷到零下某一温度时,将形成透镜片状马氏体。当第一片马氏体形成时,有可能在几分之一秒内激发出大量马氏体而引起所谓的爆发式转变。该转变往往伴有响声,并释放出大量相变潜热,爆发量达 70% 时可以使温度上升 30℃。对 Fe-Ni-C 合金中爆发式形成的马氏体组织研究表明,其惯习面为 $\{259\}_\gamma$,有中脊,马氏体呈 "Z" 字形,如图 6-18 所示。在 $\{259\}_\gamma$ 马氏体的尖端存在很高的应力场,这个应力促使另一片马氏体核在另一取向形成,即"自促发"形核,以致呈现连锁反应式转变。因此,能够进行大量爆发式转变的合金,必须具有较多的惯习面,惯习面之间的夹角又必须使转变的切应变在惯习面上产生足够大的切应力。

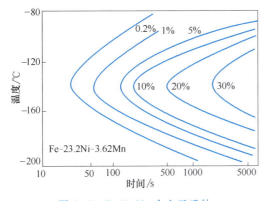

图 6-17 Fe-Ni-Mn 合金马氏体等温转变动力学曲线

图 6-18 "Z"字形马氏体

习 题

1. 简述马氏体转变的主要特征。
2. 简述钢中板条状马氏体和透镜片状马氏体的形貌特征、晶体学特点、亚结构及力学性能的差异。
3. M_s 的物理意义是什么？影响 M_s 点的主要因素有哪些？
4. 说明影响马氏体硬度的主要因素，指出马氏体的强化机制。

第7章
脱溶转变与调幅分解

在固溶度随温度降低而减小的合金系中,当合金元素含量超过一定限度后,快速冷却可获得过饱和固溶体。过饱和固溶体大多数是亚稳定的,在室温放置或加热到一定温度下保温一定时间,将发生某种程度的分解,析出第二相或形成溶质原子聚集区以及亚稳定过渡相,这一过程称为脱溶或沉淀。过饱和固溶体分解的另一种形式为调幅分解,它是由均匀的单相固溶体分解为两种与原固溶体结构相同但成分明显不同的固溶体的过程。

7.1 脱溶与时效

脱溶过程使得溶质原子在固溶体点阵中的一定区域内析出、聚集并形成新相,引起合金组织性能的变化,称为时效。一般情况下,在此过程中合金的硬度或强度会逐渐增高,这种现象称为时效硬化或时效强化,也可以称为沉淀硬化或沉淀强化。能够发生时效现象的合金称为时效型合金。成为这种合金的基本条件:一是形成有限固溶体,二是合金的固溶度随着温度的降低而减小。时效强化具有重要的实际意义,在实际生产中应用淬火与时效的工艺有很多,例如有色金属的固溶与时效、低碳钢的时效、马氏体沉淀硬化、不锈钢的固溶处理与时效以及淬火钢的回火。

7.1.1 固溶和时效处理

假设有 A、B 两种组元,B 在 A 中的固溶度是有限的,且随温度降低而减少,如图 7-1a 所示,MN 为固溶度曲线。成分为 C_0 的合金在固溶度曲线以上,形成单相 α 固溶体,若缓慢冷却到固溶线以下,将由 α 相析出 β 相,β 相中的 B 组元含量高于合金中的平均值。由于 β 相的析出,α 相的 B 组元含量将沿固溶度曲线逐渐降低,结果得到平衡状态的 "α+β" 双相组织。如果把成分为 C_0 的合金加热到固溶度曲线以上某一温度(低于固相线的温度,如 T),保温一定时间,使 β 相充分溶解,然后进行快冷,以抑制 β 相的平衡析出过程,使合金在室温下获得成分为 C_0 的过饱和固溶体,这种淬火处理称为固溶处理。固溶处理的目的是获得过饱和固溶体,为时效处理做好准备。

过饱和固溶体在热力学上是不稳定的,有自发析出溶质元素的趋势。若将经固溶处理的合金在室温下放置一段时间,或将它加热到一定温度,则发生时效过程。前者称为自然时效或室温时效,后者称为人工时效,如图 7-1b 所示。

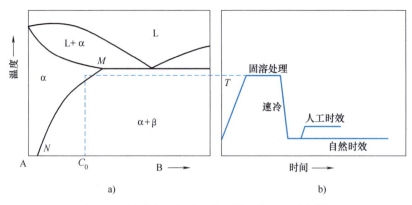

图 7-1 固溶处理与时效处理的工艺过程示意图
a）二元相图示意 b）固溶与时效处理示意

7.1.2 Al-Cu 合金的时效过程

Al-Cu 合金为典型的时效型合金，它在时效析出平衡相 θ（Al_2Cu）之前，要经过 G.P. 区（溶质原子富集区）、θ″、θ′ 相三个阶段。其中，θ″ 相和 θ′ 相都是亚平衡的过渡相，前者与过饱和固溶体完全共格，后者与过饱和固溶体部分共格，它们的点阵结构与过饱和固溶体不同，成分相当于 Al_2Cu。过渡相具有一定的化学成分和晶体结构，这是它们与 G.P. 区的主要区别。图 7-2a 所示为 Al-Cu 系合金平衡相图和亚平衡相图叠加在一起的双重相图。图中固溶度曲线有 4 条，分别为 G.P. 区、θ″ 相、θ′ 相和 θ 相的固溶度曲线。下面以 Al-4Cu 合金为例，讨论合金时效时脱溶沉淀的基本过程。

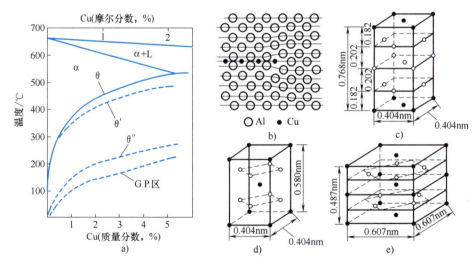

图 7-2 Al-4Cu 合金时效时脱溶沉淀的基本过程
a）Al-Cu 合金双重相图 b）G.P. 区模型 c）θ″ 相 d）θ′ 相 e）θ 相晶胞尺寸和原子位置

1. G.P. 区的形成

Guinier 和 Preston 各自独立地用回摆晶体法和劳埃法研究时效初期的 Al-Cu 系合金单晶体时发现 G.P. 区，后来命名为 Guinier-Preston 区，简称为 G.P. 区。G.P. 区的模型如

图 7-2b 所示。

G.P. 区的形状取决于两个因素，即界面能和应变能。这两个因素都有趋于最小的趋势，其中，界面能最小的趋势是使析出物呈等轴状（球状），应变能最小的趋势是使析出物呈薄片状。在一般情况下，当溶质溶剂原子半径差值≤3%时，析出时产生的应变能相对较小，界面能相对较大，界面能处于主导地位，G.P. 区的形状呈球状；当溶质溶剂原子半径差值>5%时，弹性应变能处于主导地位，G.P. 区的形状呈薄片状；当析出物的弹性应变能比薄片状析出物的界面能大，但比球状析出物的界面能小时，则会析出针状的析出物，兼顾应变能和界面能的降低。表 7-1 列出了不同系列合金的 G.P. 区的形状。

表 7-1 不同系列合金的 G.P. 区的形状

合金系	原子半径差值(%)	G.P. 区形状
Al-Mg	+0.7	球状
Al-Zn	-1.9	
Al-Zn-Mg	+2.6	
Cu-Co	-2.8	
Fe-Cu	+0.4	
Al-Mg-Si	+2.5	针状
Al-Cu-Mg	-6.5	
Al-Cu	-11.8	薄片状
Cu-Be	-8.8	
Fe-Cu	+13.8	

2. θ″相的形成

时效型合金在形成 G.P. 区以后，当时效时间延长或时效温度提高时，为了进一步降低体系自由能，会继续析出过渡相。从 G.P. 区转变为过渡相的过程可能有两种情况：一种是以 G.P. 区为基础演变为 θ″相，如 Al-Cu 合金；另一种则与 G.P. 区无关，θ″相独立地在基体中形核长大，并借助于 G.P. 区的溶解而生长，如 Al-Ag 合金。

在 Al-Cu 系合金中，随着时效的进行，在 G.P. 区的基础上 Cu 原子进一步发生偏聚，同时 Cu 原子和 Al 原子发生有序化转变，形成比 G.P. 区更稳定的过渡相 θ″相。θ″相具有正方晶格，其点阵常数为 $a=b=0.404$nm、$c=0.768$nm，如图 7-2c 所示。θ″相晶胞中的原子可分为五层，最上层和最下层均为 100% Cu 原子，中间层为 100% Al 原子，中间层与最上层、最下层之间的两个夹层则由 Cu 原子和 Al 原子混合组成，总的成分相当于 Al_2Cu。随着 θ″相的长大，在相周围的基体中产生应力和应变。由于 θ″相的相结构与基体不同，且与基体保持共格关系，在轴上将产生约 4% 的错配度，导致 θ″相周围基体会产生一个比 G.P. 区更大的弹性共格应力场或点阵畸变。由于 θ″相的密度也很大，对位错运动的阻碍作用进一步增强，时效强化作用更大。因此，θ″相析出阶段是合金达到最大强化的阶段。

3. θ′相的形成

在 Al-Cu 合金中，随着时效过程的进一步发展，Cu 原子在相区中继续偏聚，当 Cu 原子与 Al 原子之比为 1:2 时，θ″相转变为新的过渡相 θ′相。θ′相为不均匀形核，通常在螺型位错及晶界处形成。θ′相的成分相当于 Al_2Cu，具有正方点阵，其点阵常数 $a=b=0.404$mm，

$c = 0.580\text{nm}$,如图 7-2d 所示。由于 θ′ 相的点阵常数发生了较大的变化,z 轴方向的错配度过大(约 30%),所以当 θ′ 相形成时,在(010)和(100)面上与周围基体的共格关系遭到破坏,θ′ 相与基体之间由完全共格变为部分共格,对位错的阻碍作用减小,合金的硬度和强度也随之降低。θ′ 相的原子结构如图 7-3 所示,Cu 原子与 Al 原子交替周期性排列,θ′ 相与基体(α 相)之间为半共格关系,二者的晶体学位向关系为

$$(100)_{\theta'} // (100)_{\alpha}, \ [001]_{\theta'} // [001]_{\alpha}$$

4. θ 相的形成

在 Al-Cu 系合金中,随着 θ′ 相的长大,其周围母相(α)中的应力、应变和弹性应变能增大,θ′ 相越来越不稳定。当 θ′ 相长大到一定尺寸时,θ′ 相与 α 相完全脱离,而以完全独立的平衡相 θ 出现。θ 相也具有正方点阵,其点阵常数为 $a = b = 0.607\text{nm}$,$c = 0.487\text{nm}$,如图 7-2e 所示。θ 相与基体之间是非共格的,界面能较高,往往在晶

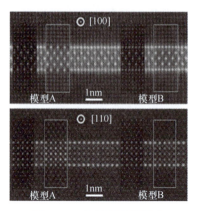

图 7-3 θ′ 相的原子分辨率 HAADF-STEM 图片

界或其他较明显的晶体缺陷处形核以减小形核功。随着时效温度的提高或时效时间的延长,θ 相聚集长大呈块状,合金的强度、硬度较析出 θ′ 相时进一步降低。

以上分析表明,Al-4Cu 合金时效时的脱溶顺序可以概括为:过饱和固溶体→G.P. 区→θ″ 相→θ′ 相→θ 相。时效时第二相的脱溶符合固态相变的阶次规则,即在平衡脱溶相出现之前会出现一种或两种亚稳定结构。有些亚稳定结构在光学显微镜下观察不到,这也是时效现象最初使人迷惑不解的原因。

通过 X 射线及电子显微镜研究证明,时效脱溶的一般顺序为:偏聚区(G.P. 区)→过渡相(亚稳相)→平衡相。其中,偏聚区(G.P. 区)为预脱溶期,过渡相(亚稳相)为脱溶期。脱溶时不直接析出平衡相是由于平衡相与基体形成新的非共格界面,界面能大,而过渡相往往与基体完全或部分共格,界面能小。在相变初期,界面能起决定性的作用,界面能小的相形核功小,容易形成,所以首先形成形核功最小的过渡结构,再演变为平衡稳定相。

但是,脱溶过程极为复杂,并非所有合金的脱溶均按同一顺序进行。脱溶序列的复杂性表现在以下几个方面:

1)各个合金系脱溶序列不一定相同,有些合金不一定出现 G.P. 区或过渡相。

2)同一系列不同成分的合金,在同一温度下时效,可能有不同脱溶序列。过饱和度大的合金更容易出现 G.P. 区或过渡相。

3)相同成分的合金,时效温度不同,脱溶序列也不一样。一般情况下,时效温度高,预脱溶阶段或过渡相可能不出现或出现的过渡结构较少。时效温度低时,则有可能只停留在偏聚区或过渡相阶段。

4)合金在一定温度下时效时,由于多晶体各部位的能量条件不同,在同一时期可能出现不同的脱溶产物,即偏聚区、过渡相及平衡相可在同一合金中同时出现。例如,在晶内广泛出现 G.P. 区或过渡相,而在晶界有可能出现平衡相。

Al-Cu 合金中的 θ″ 相、θ′ 相、θ 相都属于纳米级析出相,其原子结构需要采用分辨率较高的球差校正扫描透射电子显微镜(HAADF-STEM)观察(图 7-3)。郭可信在国内率先引

入高分辨电子显微镜，从事原子尺度直接观察晶体结构的研究，并独立发现准晶，在物理冶金，特别是晶体结构与缺陷及准晶研究等方面取得卓越的成就。随着电子显微技术的不断发展，高分辨扫描透射电子显微术（STEM）已经成为目前最为流行和广泛应用的电子显微表征手段和测试方法，我国高校及研究院所引入的球差校正扫描透射电镜也越来越多，这必将促进我国电子显微技术的快速发展。遗憾的是，现阶段我们使用的透射电镜中的部分关键零件仍然依赖进口，透射电镜等精密仪器的生产已经成为我国科研的"卡脖子"问题。

7.1.3 影响时效过程及材料性能的因素

1. 化学成分的影响

合金的时效过程与其化学成分、固溶体过饱和度等有直接关系。在相同的时效温度下，合金的熔点越低，原子间结合力越弱，原子活动性越强，脱溶速度就越快，即低熔点合金的时效温度较低，如铝合金时效温度在200℃以下。

一种合金能否通过时效而强化，首先取决于组成合金的元素能否溶解于固溶体以及固溶度稳定变化的程度。如Si、Mn、Fe、Ni等元素在铝中的固溶度比较小，随温度变化也不明显，Mg、Zn元素虽在铝中有较大的固溶度，但它们与铝形成的化合物结构与基体差异不大，因此，上述元素的时效强化效果都很小，即Al-Si、Al-Mn、Al-Fe、Al-Ni、Al-Mg等合金不能进行时效强化处理。如果在铝中加入某些合金元素能形成结构与成分复杂的化合物（第二相），如Al-Cu、Al-Mg-Si、Al-Cu-Mg-Si等合金中形成的Al_2Cu（θ）、Mg_2Si（β）、Al_2CuMg（S）等化合物相，则合金在时效析出过程中形成的G.P.区的结构就比较复杂，与基体共格关系引起的畸变也较严重，时效强化效果就较为显著。

合金元素对合金的时效脱溶速度的影响主要取决于它们的存在形式。如果这些合金元素以固溶态存在，则对时效脱溶速度影响不大。如果这些合金元素以化合物形式存在，且化合物高度弥散，则有可能作为时效沉淀相的异质形核点，促进沉淀相的析出。如在Al-Zn-Mg合金中加入Cr、Zr和Mn元素，将使析出过程显著加快。

少数元素对时效各个阶段的影响还是不同的，如Cd、Sn、In、Be等。这些原子与空位结合能较Cu更高，极易与空位结合，在Al-Cu合金中会使空位浓度下降，造成G.P.区形成速度显著降低，导致合金时效过程减慢。但Cd、Sn是内表面活性物质，能促进θ′相沿晶界析出，θ′相的界面较稳定，其粗化程度减慢，使材料在高温时不易软化。

2. 固溶处理工艺的影响

（1）**固溶处理温度** 为获得更好的时效强化效果，固溶处理时应尽可能使溶质原子最大限度地溶解到固溶体基体中。实践证明，固溶处理温度越高，保温时间越长，冷却速率越快，淬火中间转移时间越短，所获得的固溶体过饱和程度越大，经时效后产生的时效强化效果越好，在某些情况下还能提高硬度峰值。但温度高时应注意防止过热、过烧，可采用分级加热的办法防止过烧，即先在低熔点共晶温度保温，使组元扩散溶解后，低熔点共晶不存在了，再升到更高的温度进行保温和淬火。此外，固溶处理时还应当注意加热速度不宜过快，以免工件发生变形以及局部聚集的低熔点组织熔化而产生过烧。

（2）**淬火冷却速率** 淬火时零件的冷却速率越大，固溶体自高温状态保存下来的过饱和度越高，时效后硬度越高，如Cu-2.32Be合金。但冷却速率越大，所形成的内应力也越大，零件变形的可能性也越大。反之，冷却速率过小，冷却时会有第二相析出，会在时效处理时起晶核作用，造成局部不均匀析出而降低时效强化效果。因此，为了降低内应力，铸件可以在热介质（沸水、热油或熔盐）中冷却，也可将固溶处理的铸件淬入 200~250℃ 的热介质中并保温一定时间（也称为等温淬火），把固溶处理和时效处理结合起来。有些合金过饱和固溶体比较稳定，可以以较慢的速率冷却。

（3）淬火转移时间　一般固溶热处理的淬火转移时间应尽可能地短，以免合金元素的扩散析出而降低合金的性能。如 ZL101（ZAlSi7Mg）铸造铝合金固溶处理后在室温下停留一天，然后再进行人工时效，合金的强度极限较固溶处理后立即时效的要低 10~20MPa，但塑性有所提高。

3. 时效工艺的影响

合金的时效过程是一种固态相变过程，析出相的形核与长大伴随着溶质原子的扩散。在不同温度时效时，随析出相的临界晶核大小、数量、分布以及聚集长大的速度不同，表现出不同的时效强化曲线。若在某一时效温度能获得最大硬化效果，这个温度则称为最佳时效温度。不同合金都有最适宜的时效温度。

（1）时效温度　时效温度是影响过饱和固溶体脱溶速度的重要因素。时效温度过低，原子扩散困难，时效过程极慢，G.P. 区不易形成，时效后强度、硬度也低。时效温度越高，原子活动性就越强，扩散易于进行，脱溶沉淀过程加快，合金达到最高强度所需时间越短。但时效温度过高，原子聚集的过程进行得越激烈，过饱和固溶体中析出相的临界晶核尺寸就越大，数量越少，化学成分也更接近平衡相，导致最高强度值降低，强化效果不佳。另外，随着时效温度升高，固溶体的过饱和度减小，脱溶速度降低，甚至不再脱溶。综上所述，在一定的时效温度范围内，合金在较高温度下短时保温或在较低温度下长时保温，都可以得到要求的强度。

（2）时效方法　时效方法对时效强化效果也有一定的影响。时效分为单级时效和分级时效。单级时效指在单一温度下进行的时效过程，也称为等温时效，其工艺简单，但组织均匀性差，抗拉强度、屈服强度、断裂韧度、应力腐蚀抗力等很难得到良好的配合。分级时效是在不同温度下进行两次或多次时效，又称多级时效。分级时效一般采用先低温后高温，因为在较低温度的预时效可使合金获得高密度和均匀的 G.P. 区，当其达到一定尺寸后，就能成为随后沉淀相的核心，为最终时效形成均匀的过渡相及平衡相提供均匀形核的条件，提高组织的均匀性。如 Al-Zn-Mg 系合金采用在 100~120℃ 和 150~175℃ 先后进行两次时效，与 150~175℃ 一次时效相比，合金不仅强度较高，应力腐蚀抗力也变好。若分级时效后应力腐蚀抗力提高，但强度降低较多时，可考虑采用重新固溶处理后再进行时效处理，即回归再时效处理。

4. 晶体缺陷的影响

一般来说，增加晶体缺陷，新相易于形成，脱溶速度加快，但不同的晶体缺陷对不同脱溶沉淀的影响是不一样的。

G.P. 区的形成主要与固溶体中的空位浓度有关。试验发现，Al-Cu 合金中 G.P. 区的实际形成速度比按 Cu 在 Al 中的扩散系数计算出的形成速度高 10^7 倍之多，这一数值还与固溶处理温度、固溶处理时冷却速率等有关。随着时效时间的延长，已形成的 G.P. 区量增多，G.P. 区的形成速度不断减小。

位错、层错以及晶界等晶体缺陷具有与空位相似的作用，往往成为过渡相和平衡相的非均匀形核的优先部位，因为这样可以部分抵消过渡相和平衡相形核时所引起的点阵畸变。而且位错线又是原子的扩散通道，可以加速迁移，使溶质原子在位错处发生偏聚，形成溶质高浓度区，易于满足过渡相和平衡相形核时对溶质原子浓度的要求。

固溶处理后的塑性变形也可以增加晶内缺陷，促进脱溶。

7.1.4 固溶处理及时效规程

合理的固溶处理和时效规程能够赋予材料最优良的使用性能。

1. 固溶处理温度（淬火加热温度）

原则上可根据相图（图 7-1a）来确定这类合金的加热温度。固溶处理温度的下限为固溶度曲线，上限为开始熔化温度。一般进行固溶和时效处理的合金，合金元素浓度高，其固溶温度的要求比较严格，允许的波动范围小，如某些铝合金固溶温度仅允许±(2~3)℃的波动。因此，固溶加热所采用的设备一般为温度能准确控制以及炉内温度均匀的浴炉和气体循环炉，工件以单片或单件的方式悬挂于炉中，这样不仅能保证均匀加热，而且能保证淬火时均匀冷却。当然，对于固溶处理温度范围较宽的合金，固溶处理加热就易于控制。

在不发生过烧的前提下，提高固溶温度有助于时效强化过程，但某些合金（如 6A02 铝合金）在高温下晶粒长大倾向大，则应限制最高加热温度。过烧是固溶加热时易出现的缺陷。轻微过烧时表面特征不明显，显微组织观察到晶界稍变粗，并有少量球状易熔物，晶粒也较大（图 7-4b），冲击韧性降低，腐蚀速率大为增加。严重过烧时，制品表面颜色发暗，有时也出现气泡等凸出晶粒，显微组织中除了晶界出现易熔物薄层，晶内出现球状易熔物外，还有粗大的晶界平直、严重氧化，三个晶粒的衔接点呈黑三角，有时还出现沿晶界的裂纹（图 7-4c）。

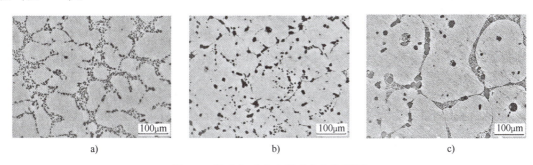

图 7-4 铸造铝硅合金的金相组织图片

a）正常组织 b）轻微过烧组织 c）严重过烧组织

2. 固溶处理保温时间

保温的目的在于使相变过程能够充分进行（过剩相充分溶解），使组织充分转变到固溶需要的状态。在工业成批生产条件下，保温时间应当自炉料最冷部分达到固溶温度的下限算起。为获得细晶粒组织并防止晶粒长大，在保证强化相全部溶解的前提下，尽量采用快速加热及短时保温是合理的。

固溶温度越高，相变速率越大，所需保温时间越短。例如，2A12 铝合金在 500℃ 加热时，只需保温 10min 就足以使强化相溶解，自然时效后获得最高强度。若采用 480℃ 加热时，则需保温 15min，自然时效后的最高强度也比 500℃ 的低。

材料的预先处理和原始组织（包括强化相尺寸、分布状态等）对保温时间也有很大影响。通常，铸态合金中的第二相较粗大，溶解速率较小，所需要的保温时间远比变形合金长。就同一变形合金来说，变形程度大的要比变形程度小的合金所需的保温时间短。退火状态合金中的强化相尺寸比已固溶时效后的合金粗大，所以退火状态合金固溶加热保温时间较长。

保温时间还与装炉量、工件厚度、加热方式等因素有关。装炉量越多，工件越厚，保温时间越长。浴炉加热比气体介质加热（包括热风循环炉）速度快，时间短。

3. 冷却速率

冷却速率是固溶处理重要工艺参数之一，其大小取决于过饱和固溶体的稳定性。过饱和固溶体稳定性可根据 C 曲线位置来估计。当制品中心点的冷却速率大于临界冷却速率 v_c 时，整个制品的各个部分就能把高温状态的固溶体保留下来，表示这种制品"淬透了"。临界冷却速率与合金系、合金元素含量和固溶前合金组织有关。

不同的合金系，固溶体稳定性有很大差异。如 Al-Cu-Mg 系合金中，铝基固溶体稳定性低，v_c 大，必须在水中冷却。中等强度的 Al-Zn-Mg 系合金，铝基固溶体稳定性高，可以在静止空气中冷却。由金属间化合物强化的耐热奥氏体时效钢以及 Mg-Al-Zn 系合金常采用空冷淬火。

同一合金系中，合金元素浓度增加，基体固溶体过饱和度增大，固溶体稳定性降低，需要更大的冷却速率冷却。若固溶温度下合金中存在弥散分布的金属间相和其他夹杂物相，这些相可能诱发固溶体分解而降低过冷固溶体的稳定性，此时也需要采用较大冷却速率。例如，合金中加入少量 Mn、Cr、Ti 时，熔体结晶时这些元素以过饱和状态存在于固溶体中，加热时会从固溶体中析出这些元素的弥散化合物，导致固溶体稳定性降低。

水中冷却所能达到的冷却速率高于大多数铝、镁、铜、镍及铁基合金制件临界冷却速率（尺寸很大的制件除外），但水冷容易使制件产生较大残余应力及变形。为克服这一缺点，把水温适当升高，或在油、空气及其他冷却较缓和的介质中冷却。此外，也可采用一些特殊的淬火方法，如等温淬火、分级淬火等。

4. 转移时间

对于那些不能在空气中冷却的合金，自加热炉中取出转移至淬火槽时，必然要在空气中冷却一段时间，若在这段时间内固溶体发生部分分解，会降低时效后强度性能，还对材料晶间腐蚀抗力有不利影响。例如，7A04 铝合金在空气中转移时间由 35s 增加至 20min 时，时效后的抗拉强度会降低 10~15MPa，屈服强度降低 30~40MPa。因此，这类合金应尽量缩短转移时间。

5. 时效工艺

生产上可以通过提高时效温度来加快时效过程，缩短时效时间。如 Al-4Cu-0.5Mg 合金的时效温度从 200℃提高到 220℃时，时效时间从 4h 缩短为 1h。最主要的时效工艺是单级时效，简单易行，但有时不能得到均匀的显微组织，材料的综合性能也不十分理想，此时则可采用分级时效工艺。

为了确定正确的固溶时效工艺，除依据上述原则初选各参数的大致范围外，实际生产中还需进行试验，以获得最佳的工艺参数。这是一项比较复杂的工作，因为固溶规程与时效规程是统一的整体，规程中的各参数（固溶加热温度、保温时间、冷却速率、时效温度及时效时间）是否合理都对合金最终性能带来影响。经典的试验方法是逐个参数进行比较，不仅试验量大，而且对各参数的互相制约、综合作用无法全面分析。因此，这种多参数的试验最好采用正交试验法。

7.2 调幅分解

调幅分解是过饱和固溶体分解的一种特殊形式，是指高温下均匀单一的固溶体冷却至某一温度范围时分解成为两种与原固溶体结构相同、成分明显不同的微区，又叫做亚稳分解或增幅分解。与形核长大型的脱溶分解不同，调幅分解不需要激活能，一旦开始分解，系统自由能便连续下降，分解过程自发进行。其特点是，在转变初期形成的两个微区之间并无明显的界面和成分突变，但通过上坡扩散，最终使一个均匀固溶体变为不均匀固溶体。

7.2.1 调幅分解的热力学条件

图 7-5 所示为高温时能形成无限固溶体的平衡相图和各相自由能变化曲线示意图。图中 MKN 线为溶解度间隙（Miscibility Gap）曲线，RKV 线由不同温度下自由能-成分曲线的拐点组成，称为调幅分解曲线（Spinodal）。当温度高于临界温度 K（溶解度间隙曲线和调幅分解曲线的最高点），如 T_1 温度时，自由能-成分关系曲线都是向下凹的，说明该曲线的二阶导数大于零，即 $d^2G/dc^2>0$，此时对任何成分的合金，α 固溶体都是稳定的。随着温度的降低（如 T_2），组元 A、B 及固溶体 α 的自由能均增大，但自由能-成分关系曲线仍然是向下凹的，α 固溶体仍能稳定存在。当温度更低（如 T_3）时，自由能-成分关系曲线发生弯曲，在 $a'\sim b'$ 的成分范围内，自由能-成分曲线是向上凸的，单相固溶体 α 是不稳定的，分解为两种固溶体（α′+α″）组成的混合物。由公切线法则可知，这两种固溶体的成分分别为 $a'(a)$ 和 $b'(b)$。α→α′+α″的转变机制有两种：一是合金成分在溶解度间隙曲线之内、调幅分解曲线两侧的，固溶体按形核和长大机制分解；二是合金成分在调幅分解曲线以内的，固溶体按照调幅分解机制分解。

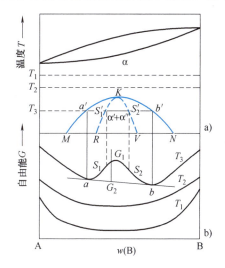

图 7-5 高温时能形成无限固溶体的平衡相图和各相自由能变化曲线示意图
a) 具有溶解度间隙 MKN 和拐点曲线 RKV 的平衡相图 b) 在三个等温温度下的自由能-成分关系曲线

当合金成分在溶解度间隙曲线和调幅分解曲线之间时，如图 7-6 所示，T_3 温度下 c_0 成分的固溶体分解为成分分别为 c_a 和 c_b 的两种固溶体。虽然平衡的双相混合物的自由能 G_2 小于固溶体 α 的自由能 G_1，但是析出初期，如果由于成分波动形成了成分分别为 c_f 和 c_g 的两个相，这两种相混合物的自由能 G_3 大于固溶体 α 的自由能 G_1，那么这种成分波动是不稳定的。只有当成分波动超过最高点，如成分波动为 c_m 和 c_n 时，两相混合物的自由能 G_4 才

低于固溶体 α 的自由能 G_1。从成分波动较小时会使自由能升高这一现象可知，c_0 成分的固溶体发生分解时，需要克服热力学势垒。在固溶体基体相中，只有能量较高的局部区域才能越过这一势垒，且该局部区域不仅要达到一定的临界尺寸，而且要达到一定的临界成分波动值，才能构成可持续长大的晶核。一般情况下，这种分解过程常在空位群、位错及晶界上进行非均匀形核。

当合金成分在调幅分解线内时，如图 7-7 所示，T_3 温度下 c_0 成分的固溶体也分解为成分分别为 c_a 和 c_b 的两种固溶体。这两相混合物的自由能 G_2 小于固溶体 α 的自由能 G_1，但与形核长大型机理不同，分解过程并不需要经过自由能增加阶段。因为自由能-成分关系曲线是向上凸的，即使合金成分波动很小，如成分波动范围为 c_p 和 c_q，因为混合物的自由能 G_3 小于 G_1，分解过程仍可自发地开始，并一直进行到全部分解为成分 c_a 和成分 c_b 的两相固溶体为止，自由能一直在降低，直到 G_2 为止。由此可见，调幅分解的过程是不需要形成晶核的。

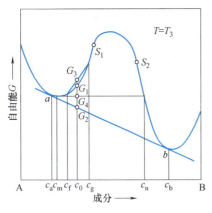

图 7-6　合金成分在溶解度间隙和调幅分解曲线之间

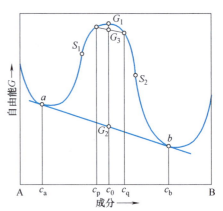

图 7-7　合金成分在调幅分解曲线内

7.2.2　调幅分解的过程

发生调幅分解除了要满足热力学条件之外，还需要满足另一个条件，即在合金中可以进行扩散。调幅分解是通过扩散使溶质原子 A 和 B 分别向 α′ 相和 α″ 相聚集的，是按扩散-聚集机理（Diffusional Clustering Mechanism）进行的一种固态相变。

设想成分在拐点 S_1 和 S_2 之间的固溶体中产生一个高于平均浓度 c_0 的溶质原子偏聚区，即图 7-8 所示的早期，偏聚区周围必将出现溶质原子贫乏区，贫乏区又造成它外延部分的浓度起伏，这就构成了原子偏聚的条件。这种连锁反应将使浓度起伏现象迅速遍及整个固溶体，并具有正弦性质的周期性，这种结构称为调制结构（Modulated Structure）。溶质原子进一步偏聚，成分正弦波的振幅不断加大（中期），由于浓度不同造成的弹性应变能也随之增加，后期出现明显的界面。分解时成分正弦波的形成及振幅的增大均依靠溶质原子的"上坡扩散（Uphill Diffusion）"，即溶质原子 B 从低浓度区向高浓度区的扩散。波长 λ 可作为新相大小的度量。随 λ 的减小，低浓度区与高浓度区之间的浓度梯度增大，上坡扩散变得困难，所以 λ 有一极值 $λ_c$。根据合金成分等条件不同，波长 λ 在 5~100nm 的范围内变动。

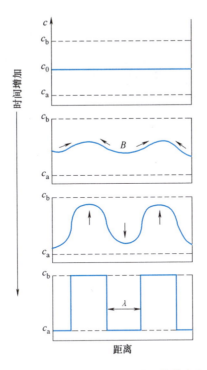

图 7-8 调幅分解中浓度变化和扩散方向

7.2.3 调幅分解的组织与性能

在形核长大型析出中,随着过程的进行,新相与母相间的共格性逐渐消失。在调幅分解过程中,新相与母相总是保持着完全共格的关系,这是因为调幅分解时的新相与母相仅在化学成分上有差距,晶体结构却是相同的,分解时产生的应力和应变较小,共格关系不易破坏。

实验结果表明,通过调幅分解产生的两相各自在空间上相互连通。图 7-9 所示为 Fe-28Cr-13Co 永磁合金经调幅分解后的场离子显微镜(Field Ion Microscope,FIM)照片,合金中 α_1 和 α_2 相均各自相互连通。

对于弹性各向异性的固溶体,调幅分解所形成的新相将择优长大,即选择弹性变形抗力较小的晶向优先长大。实际晶体的弹性模量总是各向异性的,因此大多数调幅组织具有定向排列的特征。图 7-10 所示为 Cu-Ni-Fe 合金的调幅分解组织。

一般而言,调幅分解后所得调幅组织的弥散度大,特别是在形成初期,组织分布均匀,因而具有较高的屈服强度。例如,Cu-30Ni-2.8Cr 合金在 900~1000℃ 保温,然后在 760~450℃ 范围内缓冷,可得到调幅组织,获得最高的力学性能。有些合金调幅分解产物具有某些理想的物理性能(如磁学性能等),如 AlNiCo8 永磁合金通过调幅分解形成强磁的富铁钴区和弱磁的富镍铝区,具有单磁畴效应,呈现很好的永磁特性。这种合金

图 7-9 Fe-28Cr-13Co 永磁合金经调幅分解后的 FIM 照片
(亮区为富铁和钴的 α_1 相,暗区为富铬的 α_2 相)

图 7-10 Cu-Ni-Fe 合金的调幅分解组织（亮区为富铜区，暗区为富镍区）

a) 与磁场方向平行 b) 与磁场方向垂直

若在磁场中进行调幅分解处理，可获得具有方向性的调幅组织，进一步提高其永磁性能。

习　题

1. 阐述 Al-Cu 合金的时效过程，写出析出序列。
2. 分析 Al-Cu 合金在时效析出过程中出现过渡相的原因。
3. 分析过饱和固溶体脱溶析出的动力学及其影响因素。
4. 阐述时效析出过程中合金性能变化的规律及影响因素。
5. 合金发生时效的条件是什么？
6. 何为调幅分解？它与一般的有核相变的区别是什么？

第 2 部分　热处理工艺与设备

　　热处理工艺就是通过加热、保温和冷却的方法改变材料的组织结构,以获得工件所要求性能的一种热加工工艺。钢在加热和冷却过程中的组织转变规律是制定热处理工艺的理论依据。正确的热处理工艺可以强化材料,充分发挥材料潜力,提高工件性能。常见的热处理工艺包括退火、正火、淬火、回火、表面淬火、渗碳、渗氮等。

第8章

钢的退火和正火

退火和正火是生产上应用广泛的热处理工艺，一般作为毛坯件的预备热处理。大部分机器零件及工模具的毛坯经退火和正火后，不仅可以消除铸件、锻件及焊接件的内应力及成分和组织的不均匀性，还能改善和调整钢的力学性能和工艺性能，为下道工序做好组织准备。对于一些受力不大、性能要求不高的机器零件，退火和正火也可作为最终热处理。

8.1 钢的退火

退火是将组织偏离平衡状态的钢加热到适当的温度，保温一定时间，然后缓慢冷却以获得接近平衡状态组织的热处理工艺。其目的是调整硬度，改善切削加工性能，均匀钢的化学成分和组织，消除内应力，细化晶粒，提高力学性能，或为最终热处理做组织准备。

退火是钢的热处理工艺中应用最广、种类最多的一种工艺。按加热温度可分为两大类：一类是在临界温度（Ac_1 或 Ac_3）以上的退火，又称相变重结晶退火，包括扩散退火、完全退火、不完全退火和球化退火等；另一类是在临界温度（Ac_1）以下的退火，包括再结晶退火和去应力退火等。

碳钢不同退火工艺的加热温度范围和工艺曲线如图 8-1 所示。铸铁件的退火工艺包括各种石墨化退火及去应力退火等。有色金属件的退火主要有铸态的扩散退火、变形合金的再结晶退火及去应力退火等。

我国早在公元前 14~公元前 11 世纪的殷商时代，退火工艺就在金箔锤制过程中得到应用。河南殷墟出土的金箔，金相分析发现是经过再结晶退火处理的，其目的是消除金箔冷锻硬化。公元前 5 世纪的白口铸铁柔化退火工艺更是我国古代的一项重大发明。明代宋应星的《天工开物》中记载了锉刀翻新工艺，对齿尖已磨损的旧锉刀先退火再用錾子划齿。我们的祖先并没有深刻的理论知识，但非常注重实践，在实践中反复摸索，不断总结，循序渐进，创造了一个又一个辉煌。要搞好热处理，就必须坚持理论与实践相结合，才能不断推进我国热处理技术向纵深发展。

8.1.1 扩散退火

将金属铸锭、铸件或锻坯加热至略低于固相线的温度，长时间保温，然后随炉缓冷，消除或减少化学成分偏析及组织的不均匀性，以达到均匀化目的的热处理工艺称为扩散退火，又称均匀化退火。

金属凝固时会发生枝晶偏析，造成成分和组织的不均匀，这样的铸锭在轧制成钢材时将

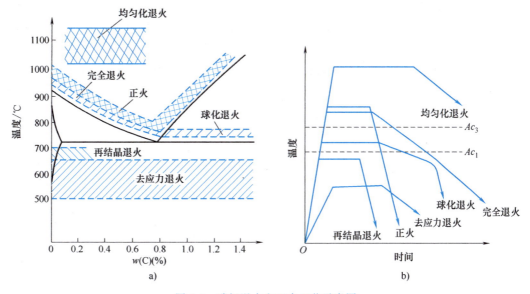

图 8-1 碳钢退火和正火工艺示意图
a) 加热温度范围 b) 工艺曲线

形成带状组织，即铁素体晶粒和珠光体晶粒沿轧制方向平行排列，呈层状分布，形同条带。这种成分和组织的不均匀性需要元素长程扩散才能消除，因而扩散退火生产周期长，能量消耗大，生产率低，工件烧损严重，多用于优质合金钢及偏析现象较为严重的合金铸件。应该指出，用扩散退火解决钢材成分和组织的不均匀性是有限的。例如，结晶过程中形成的碳化物及夹杂物，就无法通过扩散退火消除，只能通过反复锻打的办法来改善。

钢件扩散退火加热温度通常选择在 Ac_3 或 Ac_{cm} 以上 150~300℃。钢中合金元素含量越高，偏析程度越严重，加热温度应越高，一般在固相线以下 100~200℃，以防止钢件过烧。因此，碳钢一般选择 1100~1200℃，合金钢一般选择 1200~1300℃。扩散退火时，加热速度常控制在 100~200℃/h，保温时间一般采用经验公式进行估算，即按截面厚度每 25mm 保温 30~60min 或按每 1mm 厚度保温 1.5~2.5min 来计算。若装炉量较大，可按下式计算：

$$\tau = 8.5 + \frac{Q}{4} \tag{8-1}$$

式中，τ 为时间（h）；Q 为装炉量（t）。一般扩散退火保温时间不超过 15h，否则氧化烧损严重。扩散退火时冷却速率一般为 50℃/h，高合金钢为 20~30℃/h，通常降温到 600℃以下即可出炉空冷，但高合金钢和高淬透性钢最好冷至 350℃左右出炉，以免产生应力及硬度偏高。

由于扩散退火在高温下进行，工艺时间又长，退火后晶粒十分粗大，必须补充一次完全退火或正火来细化晶粒，消除过热缺陷。对于铸锭来说，后续还需压力加工，压力加工可以细化晶粒，因此不必在扩散退火后补充完全退火。

一般铜合金的扩散退火温度范围为 700~950℃，铝合金的扩散退火温度范围为 400~500℃。

8.1.2 完全退火

将钢件或毛坯加热到 Ac_3 以上，保温足够长时间，使钢中组织完全转变成奥氏体后，缓慢冷却，以获得接近平衡组织的热处理工艺称为完全退火。工件经过完全退火后，组织发生重结晶，使晶粒细化，组织均匀，消除内应力，降低硬度，改善钢的切削加工性能。因此，完全退火的温度不宜过高，一般在 Ac_3 以上 20~30℃，多用于碳含量为 0.30%~0.60%（质量分数）的中碳钢。表 8-1 为常用钢材的完全退火温度与退火后硬度值。对于锻、轧件，完全退火工序应安排在工件热锻、热轧之后，切削加工之前进行。对于焊件或铸钢件，完全退火一般安排在焊接或浇注后（或扩散退火后）进行。

表 8-1　常用钢材的完全退火温度与退火后硬度值

牌号	退火温度/℃	退火后硬度 HBW	牌号	退火温度/℃	退火后硬度 HBW
45	790~870	137~207	50CrVA	810~870	179~255
40Cr	860~890	≤207	65Mn	790~840	196~229
40MnVB	850~880	≤207	60Si2MnA	840~860	185~255
42SiMn	850~870	≤207	38CrMoAl	900~930	≤229
35CrMo	830~850	197~229			

工件在退火温度下的保温不仅要使工件透烧（即心部也达到加热所要求的温度），而且还要保证组织全部转变为奥氏体。由于完全退火时加热温度超过 Ac_3 不多，相变进行得很慢，特别是粗大铁素体或碳化物的溶解以及奥氏体成分的均匀过程均需要较长的时间。完全退火的保温时间与钢材的化学成分、工件的形状与尺寸、加热方式、装炉量和装炉方式等因素有关。一般碳钢或低合金钢工件，当装炉量不大时，在箱式炉中的保温时间以工件的有效厚度来计算：

$$\tau = KD \quad (8\text{-}2)$$

式中，D 为工件有效厚度（mm）；K 为加热系数，一般取 1.5~2.0min/mm。装炉量大时，则根据具体情况延长保温时间。

对常用结构钢、弹簧钢及热作模具钢钢锭，完全退火的加热速度取 100~200℃/h，保温时间按式（8-1）计算。对亚共析钢锻、轧钢材，主要通过完全退火消除锻后组织及硬度的不均匀性，改善切削加工性能，并为后续热处理做好组织准备，其保温时间可稍短于钢锭的退火，一般可按下式计算

$$\tau = (3\sim 4) + (0.4\sim 0.5)Q \quad (8\text{-}3)$$

完全退火时的冷却速率应缓慢，保证奥氏体在 Ar_1 点以下不大的过冷度情况下进行珠光体转变，以免硬度过高。一般碳钢冷却速率应小于 200℃/h，低合金钢的冷却速率应降至 100℃/h，高合金钢的冷却速率应更小，一般为 50℃/h。

8.1.3　不完全退火

将钢加热到 $Ac_1 \sim Ac_3$（亚共析钢）或 $Ac_1 \sim Ac_{cm}$（过共析钢）之间，保温后缓慢冷却，以获得接近平衡组织的热处理工艺称为不完全退火。"不完全"是指两相区加热时只有部分组织进行了相变重结晶，其目的是消除因热加工所产生的内应力，使钢件软化，改善工具钢的可加工性。正是由于加热到两相区温度，仅使珠光体发生相变重结晶转变为奥氏体，因此基本上不改变先共析铁素体或渗碳体的形态及分布。

不完全退火主要应用于大批量生产的亚共析钢锻件。如果亚共析钢锻件的锻造工艺正常，原始组织中的铁素体已均匀、细小，只是珠光体的片层间距小、内应力较大，那么只要在 $Ac_1 \sim Ac_3$ 温度区间进行不完全退火，即可使珠光体的片层间距增大，硬度有所下降，内应力也有所减小。不完全退火加热温度较完全退火低，工艺周期也较短，消耗热能较少，可降低成本，提高生产效率。

过共析钢的不完全退火，实质上是球化退火的一种。

8.1.4 球化退火

使钢中碳化物球状化而进行的退火工艺称为球化退火。其目的是降低硬度，均匀组织，改善切削加工性能，为最终热处理（淬火）做好组织准备，减小淬火时的变形与开裂。球化退火主要应用于碳素工具钢、合金工具钢和轴承钢制作的刀具、冷作模具及轴承零件的预备热处理。

球化退火的加热温度不宜过高，一般在 Ac_1 温度以上 20~30℃，采用随炉加热。保温时间也不能太长，一般以 2~4h 为宜。球化退火时如果加热温度过高或保温时间过长，会使大部分碳化物溶解，并形成均匀的奥氏体，导致随后冷却时球化核心减少，球化不完全。球化退火的冷却方式通常采用炉冷，或在 Ar_1 以下 20℃ 左右进行较长时间的等温处理。渗碳体颗粒大小取决于冷却速率或等温温度，若冷却速率过快或等温温度过低，则珠光体在较低温度下形成，碳化物不易聚集成球状，容易形成片状碳化物，使硬度偏高。

常用的球化退火工艺主要有以下三种，如图 8-2 所示。

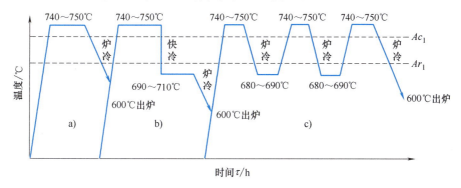

图 8-2 碳素工具钢（T7~T10）的几种球化退火工艺
a）一次球化退火 b）等温球化退火 c）往复球化退火

（1）**一次球化退火** 一次球化退火的工艺曲线如图 8-2a 所示。将钢加热到 Ac_1 温度以上 20~30℃，保温一定时间后，以极慢的速率冷却（20~60℃/h），保证碳化物充分球化，待炉温降至 600℃ 以下出炉空冷。该工艺是目前生产中应用最广泛的球化退火工艺，它实际上是不完全退火，适用于共析钢和过共析钢的球化退火，球化比较充分，效果较好，但退火周期比较长，能耗较大，生产率比较低。

（2）**等温球化退火** 等温球化退火的工艺曲线如图 8-2b 所示。将钢加热到 Ac_1 温度以上 20~30℃，保温 2~4h 后，快冷至 Ar_1 以下 20℃ 左右，等温 3~6h，使碳化物达到充分球化的效果，再随炉降温至 600℃ 以下出炉空冷。这种方法适用于过共析钢和合金工具钢的球化退火，球化很充分，并且容易控制，退火周期比较短，适宜于大件的球化退火。常用工具钢等温球化退火工艺规范见表 8-2。

表 8-2 常用工具钢等温球化退火工艺规范

牌号	保温温度/℃	等温温度/℃	等温时间/h	退火后硬度 HBW
T7	750~770	640~670	2~3	≤187
T8A	740~760	650~680	2~3	≤187
T10A	750~770	680~700	2~3	163~197
T12A	750~770	680~700	2~3	163~207
9Mn2V	740~760	630~650	3~4	≤229
9SiCr	790~810	700~720	3~4	197~241
CrWMn	780~800	690~710	3~4	207~255
GCr15	780~810	680~710	3~4	207~229
5CrNiMo	760~780	约610	3~4	197~241
5CrMnMo	850~870	约680	3~4	197~241
Cr12	850~870	720~750	3~4	207~255
Cr12MoV	850~870	720~750	3~4	207~255
3Cr2W8V	850~880	730~750	3~4	207~255
W18Cr4V	850~880	730~750	4~5	207~255
W6Mo5Cr4V2	870~890	740~750	4~5	255
12Cr13、20Cr13	860~880	730~750	3~4	147~207

(3) 往复球化退火　往复球化退火也叫周期循环球化退火，其工艺曲线如图 8-2c 所示。将钢加热至 Ac_1 温度以上 20℃ 左右（如碳钢和低合金钢可于 740℃ 加热），保温一定时间，然后随炉冷至 Ar_1 以下 20° 左右等温处理（如 680℃ 保温一段时间），接着又加热到 740℃，而后又冷却至 680℃，如此多次反复加热和冷却，最后冷至室温，获得球化效果更好的球状珠光体组织。这种工艺特别适用于前两种工艺难以球化的钢种，但在操作和控制上比较烦琐。

需要注意的是，球化退火前钢的原始组织中不允许有网状碳化物存在。如果有网状碳化物存在时，应该先进行正火，消除网状碳化物，然后再进行球化退火，否则球化效果不好。

8.1.5 再结晶退火

将经过冷变形后的金属加热到再结晶温度以上、Ac_1 温度以下，保温适当时间，使形变晶粒重新转变为均匀的等轴晶粒，消除形变强化和残余应力的热处理工艺称为再结晶退火。其目的是消除加工硬化，提高塑性，改善切削加工性及压延成形性能。

再结晶退火在高于再结晶温度进行，再结晶温度是随着合金成分及冷塑性变形量而变化的。纯金属铁、铜和铝的再结晶温度分别为 450℃、270℃ 和 100℃，一般钢材、铜合金和铝合金的再结晶退火温度分别取 650~700℃、600~700℃ 和 350~400℃。随着冷塑性变形量增加，再结晶温度降低，到一定值时不再变化。产生再结晶所需的最小变形量称为临界变形量，钢的临界变形量为 6%~10%。

再结晶退火既可作为钢材或其他合金多道冷变形之间的中间退火，也可作为冷变形钢材或其他合金成品的最终热处理。

8.1.6 去应力退火

为了去除形变加工、锻造、焊接等引起的及铸件内存在的残余应力而进行的退火,称为去应力退火。去应力退火过程中不发生组织的变化。

由于材料成分、加工方法、内应力大小和分布以及应力去除程度的不同,去应力退火的加热温度范围很宽,应根据具体情况决定。例如,低碳结构钢热锻后,若硬度不高,适于切削加工,则不进行正火,可在500℃左右进行去应力退火;中碳结构钢为避免调质时的淬火变形,需在切削加工或最终热处理前进行500~650℃的去应力退火;对切削加工量大、形状复杂而要求严格的刀具、模具等,在粗加工及半精加工之间、淬火之前,常进行600~700℃、2~4h的去应力退火;对经索氏体化处理的弹簧钢丝,在盘制成弹簧后,虽不经淬火回火处理,但应进行去应力退火,以防止成品后因应力状态改变而产生变形。去应力退火温度一般在250~350℃之间,退火还可产生时效作用,使钢丝强度有所提高。

去应力退火后,均应缓慢冷却,以免产生新的应力。

8.2 钢的正火

正火是将钢加热到 Ac_3 或 Ac_{cm} 以上 30~50℃,保温一定时间,使之完全奥氏体化,然后在空气中冷却(大件也可采用鼓风或喷雾),得到以索氏体为主的组织的热处理工艺。

正火的目的是获得一定硬度,细化晶粒,并得到较均匀的组织和性能。它是工业上常用的热处理工艺之一,既可作为预备热处理工艺,又可作为最终热处理工艺,还常用来消除某些处理缺陷。具体应用如下:

(1) 改善低碳钢的切削加工性能　碳含量低于 0.25%(质量分数)的碳钢,退火后硬度过低,切削加工时容易"粘刀",表面粗糙度很差,通过正火可使硬度提高至 140~190HBW,接近于最佳切削加工硬度,改善切削加工性能。

(2) 消除中碳钢热加工缺陷,并为淬火做好组织准备　中碳结构钢铸、锻、轧件以及焊接件,在热加工后易出现魏氏组织、粗大晶粒等过热缺陷和带状组织,通过正火可以消除这些缺陷,并细化晶粒,均匀组织,消除应力,为最终热处理做好组织准备。

(3) 消除过共析钢的网状碳化物　过共析钢在淬火之前要进行球化退火,以便于进行机械加工,并为淬火做好组织准备。但当过共析钢中存在严重的网状碳化物时,球化退火的效果较差,应先通过正火消除过共析钢中的网状碳化物,以提高后续球化退火的质量。

(4) 提高普通结构件的力学性能　对一些受力不大、性能要求不高的零件,正火可以达到一定的综合力学性能,此时用正火作为最终热处理代替调质处理,可减少工序,节约能源,提高生产效率。

正火处理时一般采用热炉装料,加热过程中工件内温差较大。为了缩短工件在高温时的停留时间,心部又能达到要求的加热温度,需采用稍高于完全退火的温度,保温时间以工件烧透为准。常用钢的正火加热温度及硬度值见表8-3。

表 8-3 常用钢的正火加热温度及硬度值

牌号	加热温度/℃	正火后硬度 HBW	备注
35	860~900	146~197	
45	840~880	170~217	
20Cr	870~900	143~197	渗碳前的预备热处理
20CrMnTi	920~970	160~207	渗碳前的预备热处理
20MnVB	880~900	149~179	渗碳前的预备热处理
40Cr	870~890	179~229	
40MnVB	860~890	159~207	正火后 680~720℃ 高温回火
50Mn2	820~860	192~241	正火后 630~650℃ 高温回火
40CrNiMoA	890~920	220~270	
38CrMoAlA	930~970	179~229	正火后 700~720℃ 高温回火
9Mn2V	860~880		消除网状碳化物
GCr15	900~950		消除网状碳化物
CrWMn	970~990		消除网状碳化物

8.3 退火和正火的选择

退火得到的是平衡态组织,正火得到的主要是索氏体。对亚共析钢来说,与退火相比,正火的珠光体是在较大的过冷度下进行的,析出的先共析铁素体较少,索氏体数量较多,且片层间距较小,而且由于转变温度较低,珠光体形核率较大,珠光体团的尺寸也较小。对过共析钢来说,与完全退火相比,正火不仅可降低珠光体的片层间距及团直径,还可以抑制先共析网状渗碳体的析出。

退火(主要指完全退火)与正火在组织上有上述差异,因而在性能上也不同。对亚共析钢来说,以 40Cr 钢为例,其正火与退火后的力学性能见表 8-4。由表 8-4 可见,正火态的强度和韧性高于退火态,二者的塑性相近。对过共析钢来说,完全退火有网状渗碳体存在,其强度、硬度、韧性均低于正火态,但球化退火时得到球状珠光体,其综合性能优于正火态。

表 8-4 40Cr 钢正火与退火后的力学性能

工艺	R_m/MPa	R_{eL}/MPa	A(%)	Z(%)	a_k/J·cm^{-2}
退火	643	357	21	53.5	54.9
正火	739	441	20.9	76.0	76.5

在生产上对退火和正火的选用,应该依据钢种、冷热加工工艺以及零件的使用条件等来进行。根据钢中含碳量不同,一般按如下原则选用:

1) $w(C)<0.25\%$ 的钢,在没有其他热处理工序时,可用正火来提高硬度,如渗碳钢用正火消除锻造缺陷并提高切削加工性能。对这类钢,只有形状复杂的大型铸件,才用退火消

除铸造应力。

2) $w(C)=0.25\%\sim0.50\%$ 的钢，一般采用正火。其中，碳含量在 $0.25\%\sim0.35\%$（质量分数）的钢正火后硬度接近于最佳切削加工硬度，若钢的碳含量较高，正火后硬度虽稍高（200HBW），但正火生产率高，成本低，仍采用正火。对这类钢，只有合金元素含量较高时才采用完全退火。

3) $w(C)=0.50\%\sim0.75\%$ 的钢，一般采用完全退火。因为碳含量较高，正火后硬度太高，不利于切削加工，退火后的硬度正好适宜于切削加工。对这类钢，多在淬火回火状态下使用，因此一般工序安排是以退火降低硬度，然后进行切削加工，最终进行淬火和回火。

4) $w(C)=0.75\%\sim1.0\%$ 的钢，有的用来制造弹簧，有的用来制造刀具。前者采用完全退火作预备热处理，后者则采用球化退火。后者在采用球化退火使渗碳体球化时，应先进行正火处理，以消除网状渗碳体，并细化珠光体片。

5) $w(C)>1.0\%$ 的钢，一般用于制造工具，均采用球化退火作预备热处理。

6) 当钢中含有较多合金元素时，合金元素会强烈改变过冷奥氏体连续冷却转变曲线，上述原则就不再适用。例如，18Cr2Ni4WA 没有珠光体转变，即使在极缓慢的冷却速率下也不可能得到珠光体型组织，一般空冷后会得到马氏体组织，随后通过高温回火来降低硬度，以便切削加工。

习　题

1. 简述退火的种类、目的和所采用的加热温度范围。
2. 何谓完全退火？适用于何种钢？
3. 何谓球化退火？为什么工具钢采用球化退火而不采用完全退火？常用的球化退火工艺有哪几种？并用工艺曲线示意。
4. 正火与退火的主要区别是什么？生产中应如何选择正火及退火？
5. 现有一批 45 钢卧式车床传动齿轮，其工艺路线为：锻造→热处理→机械加工→感应淬火→低温回火→磨削。试问锻后应进行何种热处理？为什么？
6. 确定下列钢件的退火方法，并指出退火的目的及退火后的组织。
1) 经过冷轧后的 15 钢钢板，要求低硬度。
2) ZG270-500 的铸造齿轮。
3) 锻造过热的 60 钢钢坯。
4) 具有片状渗碳体的 T12 钢坯。
7. 指出下列钢件的锻件毛坯进行预备热处理（正火）的主要目的及正火后的显微组织：
1) 20 钢齿轮。
2) 45 钢小轴。
3) T12 钢锉刀。

第9章

钢的淬火及回火

淬火是热处理工艺中最重要的工序，它可以显著提高钢的强度和硬度。淬火与不同温度的回火相结合，可以得到不同的强度、塑性和韧性的良好配合，满足各种机器零件的力学性能要求。

9.1 钢的淬火

把钢加热到临界点 Ac_1 或 Ac_3 以上，保温后以大于临界冷却速率的速率冷却，得到亚稳状态的马氏体或贝氏体组织的热处理工艺方法称为淬火。淬火的目的是获得马氏体或下贝氏体组织，因此，不能只根据冷却速率的快慢来判别是否是淬火，如低碳钢水冷往往只得到珠光体组织，不能称作淬火，只能说是水冷正火，而高速钢空冷即可得到马氏体组织，此时就应称为淬火，而不是正火。

关于临界冷却速率的概念在研究连续冷却转变图（CCT 图）时已经知道。从淬火工艺角度考虑，若允许得到贝氏体组织，则临界淬火冷却速率应为能抑制珠光体型（包括先共析组织）转变的最低冷却速率；若以得到全部马氏体作为淬火定义，则临界淬火冷却速率应为能抑制所有非马氏体转变的最小冷却速率。一般没有特殊说明的，临界淬火冷却速率均指得到完全马氏体组织的最低冷却速率。显然，工件实际淬火效果取决于工件在淬火冷却时各部位的冷却速率，只有在那些冷却速率大于临界淬火冷却速率的部位，才能达到淬火的目的。

钢淬火后得到的组织主要是马氏体（或下贝氏体），此外还有少量残余奥氏体，对高碳钢还有未溶碳化物。钢件淬火后强度、硬度和耐磨性提高，对某些特殊合金（如 Fe-Mn-Si 合金、Co-Ni-Al 合金等），淬火还会提高其物理性能，如铁磁性和热弹性（即形状记忆特性）。

结构钢通过淬火和高温回火后，可以获得较好的强度和塑性、韧性的配合。弹簧钢通过淬火和中温回火后，可以获得很高的弹性极限。工具钢、轴承钢通过淬火和低温回火后，可以获得高硬度和高耐磨性。

9.2 淬火冷却介质

在淬火工艺中采用的冷却介质称为淬火冷却介质，它对钢的淬火冷却过程有着重要的影响。正确选择淬火冷却介质能充分发挥钢材的潜能，有效防止或减少工件的变形开裂，提高淬火质量。

9.2.1 理想的淬火冷却介质

淬火冷却介质首先应具有足够的冷却能力，以保证工件的冷却速率大于临界淬火冷却速率，但过高的冷却速率将增加工件截面的温差使应力增大，容易引起变形开裂，因此淬火冷却介质的冷却能力又不宜过大。

理想的淬火冷却介质冷却特性曲线如图 9-1 所示。当温度较高时，由于过冷奥氏体比较稳定，冷却速率应慢些，以降低热应力。当温度处于 C 曲线鼻尖位置时，过冷奥氏体最不稳定，应以较快的冷却速率快速通过鼻尖位置，以避免产生非马氏体转变。在 M_s 点附近的温度区域冷却速率应比较缓慢，以降低马氏体转变时产生的应力。因此，理想的淬火冷却介质在较高温度下应有较高的冷却速率，在较低温度下冷却速率应较低，但目前还很难找到这样的理想淬火冷却介质。

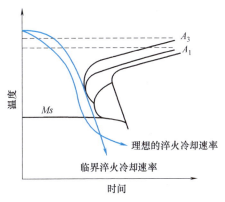

图 9-1　理想的淬火冷却介质冷却特性曲线

在实际生产中，淬火冷却介质还应具有适应钢种范围尽量宽，使用过程不变质，不腐蚀工件，不黏附工件，不易燃易爆、环保、价格便宜和来源广等优点。

9.2.2 淬火冷却介质的冷却作用

按聚集状态不同，淬火冷却介质可分为固态、液态和气态三种。对在固态介质中的淬火冷却，若为静止接触，则是两固态物质的热传导问题，若为沸腾床冷却，则取决于沸腾床的工作特性；对在气体介质中的淬火冷却，一般认为是气体介质加热的逆过程；对在液态介质中的淬火冷却，由于工件淬火时温度很高，高温工件放入低温液态介质中，不仅发生传热作用，还可能引起淬火冷却介质的物态变化。

液态介质是最常用的淬火冷却介质。根据工件淬火冷却过程中，液态淬火冷却介质是否发生物态变化，可将其分为有物态变化的和无物态变化的两类。

1. 有物态变化的淬火冷却介质的冷却过程

有物态变化的淬火冷却介质应用广泛，按基本组成可分为水基型和油基型。在实际应用中，往往可以通过控制这类淬火冷却介质的温度、提高压力、增大流速等，改善淬火冷却介质的冷却特性，减少变形和开裂，获得比较理想的淬火效果。

钢件在有物态变化的淬火冷却介质中淬火冷却时，其冷却过程分为三个阶段，如图 9-2 所示。

(1) **蒸气膜阶段**　当灼热工件投入淬火冷却介质后，瞬间就在工件表面产生大量的过热蒸气，紧贴工件形成连续的蒸气膜，使工件与液体分开。由于蒸气是热的不良导体，这阶段的冷却主要靠辐射传热完成，因此冷却速率比较缓慢，如图 9-2 中的 AB 段。冷却开始时，由于工件放出的热量大于介质从蒸气膜中带走的热量，蒸气膜的厚度不断增加。随着冷却的进行，工件表面温度不断降低，工件表面产生的蒸气量少于蒸气从工件表面逸出的量，蒸气膜的厚度及其稳定性都逐渐减小，直至膜破裂而消失，这是冷却的第Ⅰ阶段。蒸气膜的破裂温度（图9-2中的B点）称为淬火冷却介质的"特性温度"，是评价淬火冷却介质的重要指标。对20℃的水，其特性温度约为300℃。

(2) 沸腾阶段　工件表面的蒸气膜破裂，冷却介质与工件直接接触，在工件表面激烈沸腾而带出大量热量，冷却速率很快，即沸腾阶段，如图9-2中的BC段。沸腾阶段前期冷却速率很大，随着工件温度下降，冷却速率逐渐减小，直到介质的沸点或分解温度（图9-2中的C点）为止，

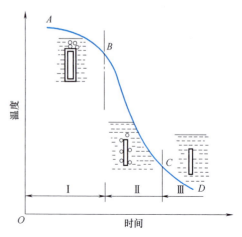

图9-2　淬火过程的冷却机理

这是冷却的第Ⅱ阶段。这一阶段的冷却速率取决于淬火冷却介质的汽化热。汽化热越大，则从工件带走的热量越多，冷却速率越快。

(3) 对流阶段　当工件表面温度降至介质的沸点或分解温度以下时，工件的冷却主要靠介质的对流，这一阶段是冷却速率最低的阶段，如图9-2中的CD段。随着工件与介质温差的不断减小，冷却速率越来越小，即冷却的第Ⅲ阶段。此时影响对流传热的因素对冷却速率起主导作用，如介质的比热容、热导率和黏度等。

2. 无物态变化的淬火冷却介质的冷却过程

这类介质在淬火过程中不发生物态变化，如熔盐、熔碱、熔融金属及气体，往往可以使工件获得较高的硬度，变形较小，不易开裂，多用于分级淬火及等温淬火。这类介质的传热方式是传导和对流，其冷却能力除取决于介质本身的物理性质（如比体积、导热性、流动性等）外，还与工件和介质的温度差有关。工件温度较高时，介质的冷却速率很高，当工件温度接近介质温度时，冷却速率迅速降低。

9.2.3　常用淬火冷却介质及其冷却特性

常用淬火冷却介质有水及其溶液、油、水油混合液（乳化液）以及低熔点熔盐等。

1. 水

水是最常用的淬火冷却介质，它不仅来源丰富，价格低廉，安全、清洁，而且具有较强的冷却能力。水的汽化热在0℃时为2500kJ/kg，100℃时为2257kJ/kg，热导率在20℃时为2.2kJ/(m·h·℃)。图9-3所示为水在静止和流动状态的冷却特性。由图9-3可见，水温对冷却特性影响很大。随着水温的升高，水的冷却速率降低，特别是蒸气膜阶段延长，特性温度降低。水在温度为100~400℃时，冷却速率特别快。相比于静止水，循环水的冷却能力大，特别是在蒸气膜阶段，其冷却能力提高得更多。

水作为淬火冷却介质的主要缺点是冷却能力对水温的变化较敏感，水温升高会使冷却能力急剧下降，因此适用温度一般为20~40℃，最高不超过60℃；水在马氏体转变区的冷却速率太大，易使工件严重变形甚至开裂；不溶或微溶杂质（如油、肥皂等）会显著降低水的冷却能力，使工件淬火后易产生软点。

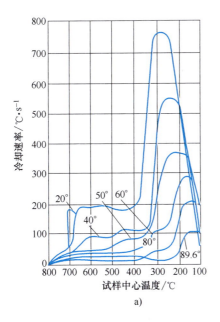
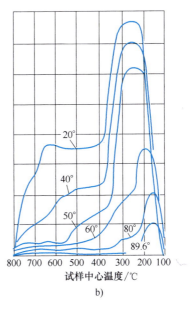

图 9-3 水的冷却特性
a)静止水 b)循环水

2. 无机物水溶液

为了提高水的冷却能力,往往在水中添加一定量(一般为 5%~10%)的盐或碱,以加快蒸气膜破裂,提前进入沸腾阶段,提高水在高温区的冷却速率,使钢件获得较厚的淬硬层。

图 9-4 所示为 NaCl 水溶液(盐水)的冷却特性曲线,图中虚线为 20℃ 纯水的冷却特性。由图可见,不同浓度的 NaCl 水溶液冷却能力均大于纯水。10% NaCl 水溶液几乎没有蒸气膜阶段,在 400~650℃ 温度范围内有最大冷却速率,冷却能力远高于 1% NaCl 水溶液。

图 9-5 所示为 NaOH 水溶液(碱水)的冷却特性曲线,图中虚线仍为 20℃ 纯水的冷却特性。由图可见,20℃ 的碱水具有很高的冷却能力,几乎看不到蒸气膜阶段。温度对碱水和纯水冷却能力的影响规律相似,均随着温度的升高而降低。碱水作为淬火冷却介质时,能和已氧化的工件表面发生反应,淬火后工件表面呈银白色,具有较好的外观,但这种溶液对工件及设备腐蚀较大,淬火时有刺激性气味,溅在皮肤上有刺激作用,使用时必须注意排风及防护,导致碱水未能在生产中广泛应用。

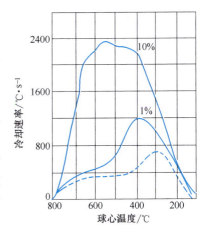

图 9-4 NaCl 水溶液的冷却特性曲线

3. 油

淬火用油有植物油与矿物油两大类。植物油如豆油、芝麻油等,有较好的冷却特性,但因易于老化、价格昂贵等缺点,已被矿物油所取代。矿物油是从天然石油中提炼的油,用作淬火冷却介质的一般为润滑油，如锭子油、全损耗系统用油等。其沸点一般在 250~400℃，是具有物态变化的淬火冷却介质。正因为它的沸点较高，其特性温度也比水高。图 9-6 所示为油与水的冷却特性比较。

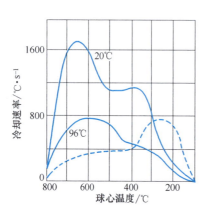

图 9-5　NaOH 水溶液的冷却特性曲线

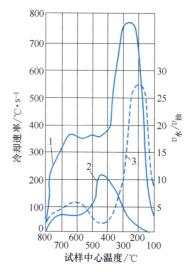

图 9-6　20℃水和 50℃ 3# 锭子油的冷却速率与银球中心（直径 20mm）温度的关系
1—水　2—油　3—水、油中冷却速率之比

由图 9-6 可见，油的特性温度较水高，在 500~350℃ 处于沸腾阶段，350℃ 以下处于对流阶段，这表明油的冷却速率在 500~350℃ 最快，在 350℃ 以下相对较慢，这种冷却特性是比较理想的。低温下油的冷却能力较低，在马氏体转变区有最小的冷却速率，可以使组织应力减至最小，防止淬火裂纹的发生，但是在高温区油的冷却能力也相对比较低，对于一般碳钢或低合金钢来说，其过冷奥氏体不太稳定，易于发生非马氏体转变。水虽然在高温区的冷却速率比油高，但其最大冷却速率也在一般钢的马氏体转变温度范围，导致水的冷却特性不太理想。

油的冷却能力及其使用温度范围主要取决于油的黏度及闪点。黏度及闪点较低的油，如 L-AN15（旧牌号 10# 机油）全损耗系统用油，一般使用温度在 80℃ 以下。淬火油经长期使用后，其黏度增大，闪点升高，产生油渣，油的冷却能力下降，这种现象称为油的老化。为了防止油的老化，应控制油温，防止油温局部过热，避免水分带入油中，经常清除油渣等。

随着可控气氛热处理的广泛应用，要求工件淬火后能获得光亮的表面，这时需采用光亮淬火油。光亮淬火油除要求有较好的冷却性能和耐老化性能外，还应具有不使工件氧化的性能，因此，光亮淬火油应含水分少，硫含量低，氧化倾向小或对已氧化工件有还原作用，具有热稳定性好、灼热工件淬火时气体发生量少等特点。目前通常在矿物油中加入油溶性高分子添加剂（主要为光亮剂），来获得不同冷却能力的光亮淬火油，即高、中、低速光亮淬火油，以满足不同的需要。加入的光亮剂中以油酸聚乙二醇双酯、聚异丁烯丁二酰亚胺等的效果较好，含量以 1%（质量分数）为佳。

淬火油发展的另一系列是真空淬火油。真空淬火油是普通淬火油经真空蒸馏、真空脱气等一系列处理后，再加入催冷剂、光亮剂和抗氧化剂等配制而成的。这种油专门用于真空淬火,具有低的饱和蒸气压,不易蒸发,不易污染炉膛,几乎不影响真空炉的真空度,有较好的冷却性能,淬火后工件表面光亮,热稳定性好。真空淬火油适用于轴承钢、工模具钢、结构钢及合金渗碳钢的淬火冷却。

4. 有机聚合物淬火冷却介质

有机聚合物淬火冷却介质是由某些高分子聚合物、防腐剂、消泡剂和其他添加剂组成的具有一定浓度的水溶液。通过选用不同的聚合物种类,控制聚合物的浓度、淬火液温度和淬火槽的搅拌强度,可以使淬火冷却介质具有范围宽广的冷却性能。该类介质不燃烧,没有烟雾,具有较大发展前景。

目前常用的聚合物淬火冷却介质有聚乙烯醇(PVA)、聚烷撑二醇(PAG)、聚乙烯吡咯烷酮(PVP)、聚丙烯酰胺(PAM)等水溶液。

(1) 聚乙烯醇(PVA)淬火冷却介质　PVA 淬火冷却介质是应用最早的有机聚合物淬火冷却介质。PVA 一般为白色、无臭、无味粉末,由聚醋酸乙烯酯经皂化制成。当 PVA 质量分数较低时,淬火冷却介质冷却能力接近水;当 PVA 质量分数较高时,淬火冷却介质冷却能力接近油。PVA 质量分数为 0.05%~0.3% 的淬火冷却介质在我国感应热处理喷射淬火中应用广泛。

PVA 淬火冷却介质的冷却能力在中温区变高,在低温区和高温区变低,冷却特性好,但冷却速率对浓度波动过于敏感,控制和调节浓度及冷却速率困难,导致工件淬火质量的均匀性和重复性不易保证,并且使用过程中易分解,易生成糊状膜及皮膜堵塞喷水孔,还存在排放公害等问题。

(2) 聚烷撑二醇(PAG)淬火冷却介质　PAG 淬火冷却介质是目前应用最广的聚合物淬火冷却介质。PAG 衍生于环氧乙烷和环氧丙烷的共聚反应,它在水中的溶解度随温度升高而下降,当加热至一定温度后,会出现 PAG 和水分离现象,称为逆溶性。利用 PAG 的逆溶性可在工件表面形成热阻层,通过改变溶液浓度、淬火液温度及搅拌强度就可以对 PAG 淬火冷却介质的冷却能力进行调整。当 PAG 浓度增加时,冷却液的最大冷却速率和对流状态下的冷却速率降低。5%(质量分数)的 PAG 溶液能改善工件表面的浸润性,使淬火更加均匀。10%~20%(质量分数)的 PAG 溶液冷却速率与快速淬火油接近,可用于低、中淬透性钢的淬火,以得到所要求的最高力学性能。20%~30%(质量分数)的 PAG 溶液冷却速率可适用于多种完全淬透性钢和表面淬硬钢。

PAG 淬火冷却介质适用于工件的浸入淬火,包括普通质量碳素钢、硼钢、弹簧钢、马氏体型不锈钢、低中合金渗碳钢和较大截面的高合金钢制工件,所处理的工件尺寸范围小至 1mm(如针、开口簧环、螺钉、紧固体等),大至几吨(如轴和其他锻件)。使用 PAG 淬火冷却介质对铝合金工件淬火也可取得良好效果。总体而言,PAG 淬火冷却介质的冷却能力比水低,比油高,它能减少工件开裂,提升工件的淬火效果,降低生产事故发生的概率,目前已经变得十分成熟,大量用于热处理行业。

(3) 聚乙烯吡咯烷酮(PVP)淬火冷却介质　PVP 是由 N-乙烯吡咯烷酮的游离基聚合而成的一种白色粉状物。PVP 浓度的增加会降低淬火冷却介质的冷却速率,因此,中碳钢淬火需要较快的冷却速率时,采用浓度低于 4%(质量分数)的 PVP 溶液,而高碳钢、合金钢的临界冷却速率较小,可采用较慢的冷却速率,淬火时选浓度为 4%~10%(质量分数)的 PVP 溶液。

PVP 淬火冷却介质的优点是使用浓度低，防裂能力强，具有消泡性和缓蚀性，管理容易，有较强的耐蚀能力，对人体无害，化学耗氧量特别低，不污染环境等，主要应用于高频、火焰加热等表面淬火。其主要问题是相对分子质量易变化，遇热或振动就分解等。

（4）聚丙烯酰胺（PAM）淬火冷却介质 PAM 是一种有机化合物，供货状态有粉末状及黏稠状两种，一般使用黏稠状的。它具有无色、无味、无毒、透明的特点，但遇氢氧化钠易发生水解。当 PAM 浓度较低时，其冷却速率与水相近；当 PAM 浓度较高时，其冷却速率接近于油。一般来说，喷射淬火时 PAM 浓度为 5%～8%（质量分数），浸入淬火时 PAM 浓度为 15%～20%（质量分数）。

PAM 淬火冷却介质使用安全，对设备没有腐蚀作用，配制方便，可以通过改变浓度配比来调节介质的冷却能力，因而适用于碳素钢、低合金结构钢、弹簧钢、低淬透性工具钢及模具钢的淬火。

9.3 钢的淬透性

9.3.1 淬透性与淬硬性的概念

钢的淬透性是指钢在淬火时获得马氏体的能力。其大小通常用规定条件下淬火获得的淬透层深度（又称有效淬硬层深度）表示。标淬硬层深度是从淬硬的工件表面量至规定硬度值处的垂直距离，而规定硬度值处是指马氏体和非马氏体组织各占 50% 的半马氏体区。淬透性是钢材固有的一种属性，主要与钢的过冷奥氏体稳定性或钢的临界冷却速率有关。

钢的淬硬性是指钢在正常淬火条件下所能够达到的最高硬度。淬硬性主要与钢的碳含量有关，更确切地说，它取决于淬火加热时固溶于奥氏体中的碳含量。

假设有两根不同成分钢材制成的棒料，它们的直径相同，并在相同淬火冷却介质中淬火冷却，淬火后在其横截面上观察它们的金相组织，并绘制出硬度分布曲线，如图 9-7 所示。图中画剖面线区为马氏体区，其余部分为非马氏体区。由图可见，右侧钢棒的马氏体区较深，淬透性较好，左侧钢棒的马氏体最高硬度更高，淬硬性较好。

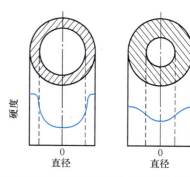

图 9-7 两种钢材淬透性和淬硬性的比较

9.3.2 影响钢淬透性的因素

1. 钢的化学成分

图 9-8 所示为碳含量对碳钢临界淬火冷却速率的影响。由图 9-8 可见，当碳钢在正常淬火温度区间加热时（即曲线 1），若碳含量低于 1.0%（质量分数），临界冷却速率随着碳含量的增加而下降，淬透性提高，但若碳含量超过 1.0%（质量分数），淬透性反而随着碳含量增加而降低；当加热温度高于 Ac_3 时（即曲线 2），临界冷却速率随着碳含量的增加而单调下降。

除 Co 外，所有溶入奥氏体的合金元素都可以提高钢的淬透性。当多种合金元素同时加入钢中，其影响并不是单个合金元素作用的简单叠加。例如，单独加入 V 时，V 常不溶入奥氏体，而是形成钒碳化物，导致奥氏体稳定性下降，钢的淬透性降低，但若将 V 与 Mn 同时加入，Mn 的存在能促使钒碳化物的溶解，使钢的淬透性显著提高。

钢中加入微量硼（0.001%～0.003%，质量分数）能显著提高钢的淬透性，因为硼元素易于在奥氏体晶界富集，降低奥氏体晶界的表面自由能，减少铁素体在奥氏体晶界上的形核率，推迟奥氏体向珠光体的转变，提高过冷奥氏体的稳定性。但若硼含量过高（超过 0.0035%，质量分数），钢中将出现低熔点共晶组织，导致脆性增大。

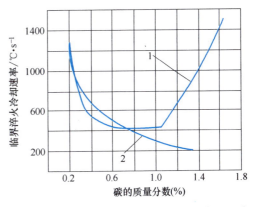

图 9-8 碳含量对碳钢临界淬火冷却速率的影响
1—在正常淬火温度区间加热　2—高于 Ac_3 温度加热

2. 奥氏体晶粒度

奥氏体晶粒尺寸增大，可提高过冷奥氏体的稳定性，提高淬透性。

3. 奥氏体均匀程度

在相同过冷度条件下，奥氏体成分越均匀，珠光体的形核率就越低，转变的孕育期越长，C 曲线右移，临界冷却速率减小，钢的淬透性提高。

4. 钢中未溶第二相

钢中存在未溶入奥氏体的碳化物、氮化物及其他非金属夹杂物时，会促进珠光体、贝氏体等相变的形核，降低过冷奥氏体的稳定性，降低淬透性。

此外，钢的原始组织中，由于珠光体的类型（片状或球状）及弥散度的不同，奥氏体化时也会影响奥氏体的均匀性，从而影响钢的淬透性。如碳化物越细小，溶入奥氏体越迅速，越有利于提高钢的淬透性。

9.3.3　淬透性的测定方法

钢淬透性的测定方法很多，常用的有临界直径法和端淬试验法。

1. 临界直径法

钢材在某种介质中淬火后，心部得到全部马氏体或 50%马氏体组织时的最大直径称为临界淬透直径，以 D_0 表示。其测定方法是将某种钢做成各种不同直径的一组圆柱体试样，按规定的条件淬火以后，找出截面中心恰好是含 50%马氏体组织的试样，该试样的直径为临界淬透直径。小于此直径时均可被淬透，大于此直径时不能被淬透。对于一定成分的钢材，在一定的淬火冷却介质中冷却时 D_0 值是一定的。常用钢的临界直径见表 9-1。

显然，钢材及淬火冷却介质不同，D_0 也就不同。为了排除冷却条件的影响，引入了理想临界直径的概念，一般用 D_i 表示。假设冷却介质的淬冷烈度无穷大（淬冷烈度是表征淬火冷却介质从热材料或工件中吸取热量能力的指标），意味着将试样淬入冷却介质时其表面温度可立即降到冷却介质的温度，此时所能淬透（心部形成50%马氏体）的最大直径就称为理想临界直径 D_i。

表 9-1 常用钢的临界直径

材料牌号	临界直径/mm		材料牌号	临界直径/mm	
	水冷	油冷		水冷	油冷
45	13~16.5	6~9.5	35CrMo	36~42	20~28
60	11~17	6~12	60Si2Mn	55~62	32~46
T10	10~15	<8	50CrVA	55~62	32~40
65Mn	25~30	17~25	38CrMoAlA	100	80
20Cr	12~19	6~12	20CrMnTi	22~35	15~24
40Cr	30~38	19~28	30CrMnSi	40~50	23~40
35SiMn	40~46	25~34	40MnB	50~55	28~40

理想临界直径取决于钢的成分，而与试样尺寸及冷却介质无关。它是反映钢淬透性的基本判据，在工程应用时作为基本换算量，使各种淬透性评定方法之间以及不同淬火冷却介质的临界直径之间建立起一定的关系。图 9-9 所示为理想临界直径 D_i、实际临界直径 D_0 与淬冷烈度 H 关系图。若已知某种钢的理想临界直径 D_i 为 50mm，如换算成油淬（淬冷烈度 $H=0.4$）时的临界直径 D_0，可从 $H=0.4$ 时所对应的坐标上查出 D_0 为 20mm。

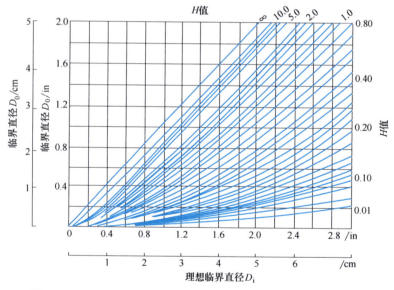

图 9-9 理想临界直径 D_i、实际临界直径 D_0 与淬冷烈度 H 关系图

2. 端淬法

端淬法是 W. E. Jominy 等人于 1938 年建议采用的，国外常称为"Jominy"端淬法，是一种测定淬透性的简便方法，在许多国家已标准化。图 9-10 所示为用标准试样经适当奥氏体化后进行顶端淬火的示意图。

试验时，将按规定加热到淬火温度的试样迅速转移到端淬装置上，喷水冷却。喷水柱自由高度为 65mm，喷水管口距试样末端为 12.5mm，水温 10~30℃。待试样冷却完毕后，沿

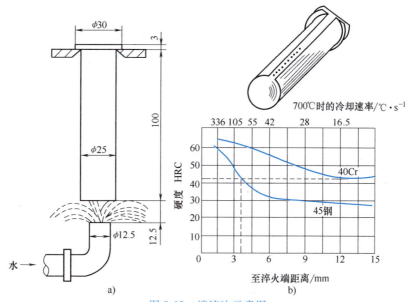

图 9-10 端淬法示意图
a）淬火装置 b）淬透性曲线

试样轴线方向两侧各磨去 0.4mm，然后自离水冷端（直接喷水冷却的一端）1.5mm 处开始测定硬度，绘出硬度与水冷端距离的关系曲线，即端淬曲线，也称为淬透性曲线。由于一种牌号的化学成分允许在一定范围内波动，因而一般手册中经常给出的不是一条曲线，而是一条带。它表示端淬曲线在此范围内波动，并称之为端淬曲线带。

根据 GB/T 225—2006《钢 淬透性的末端淬火试验方法（Jominy 试验）》，钢的淬透性值通常用 J××-d 表示，其中 d 为从测量点至淬火端面的距离，单位为 mm；×× 为硬度值，或为 HRC，或为 HV30。如淬透性 J35-15 表示距淬火端 15mm 处的硬度值为 35HRC。

9.3.4 淬透性的应用

钢的淬透性及淬透性曲线在合理选择材料，预测材料的组织与性能，以及制定热处理工艺等方面都具有重要的使用价值。

1. 根据淬透性曲线求圆棒工件截面的硬度分布

例如，若选用 45Mn2 钢制造直径 50mm 的轴，求水淬后沿截面上的硬度分布曲线。先根据图 9-11a，查出直径 50mm 圆棒截面在不同位置处对应的端淬距离，即在圆棒直径 50mm 引水平线与表面、$3R/4$、$R/2$ 及中心的曲线相交，得到距水冷端的距离。再根据图 9-12a 所示的 45Mn2 钢淬透性曲线，查出对应点的硬度分别为 55HRC（表面）、52HRC（$3R/4$ 处）、42HRC（$R/2$ 处）、31HRC（中心），据此可画出硬度分布曲线。

2. 根据工件的硬度要求，用淬透性曲线协助选择钢种与热处理工艺

例如，用 40MnB 钢制造直径 45mm 的轴，要求淬火后在 $R/2$ 处的硬度不低于 40HRC，问油淬是否合适？先根据图 9-11b，从纵坐标上直径为 45mm 处作一水平线，与 $R/2$ 处相交的交点横坐标即对应的距水冷端距离，约为 13.5mm，再根据图 9-12b 所示的 40MnB 钢淬透性曲线找出对应的硬度值，约为 34HRC，小于要求的 40HRC。可见，油淬不能满足要求，若水淬则可满足要求。

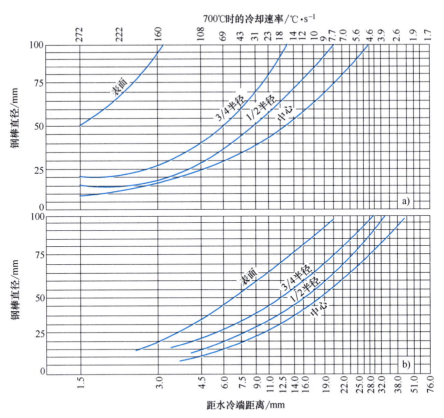

图 9-11 圆棒直径及截面上的位置与端淬试样上至水冷端距离关系
a) 圆棒静水中淬火 b) 圆棒静油中淬火

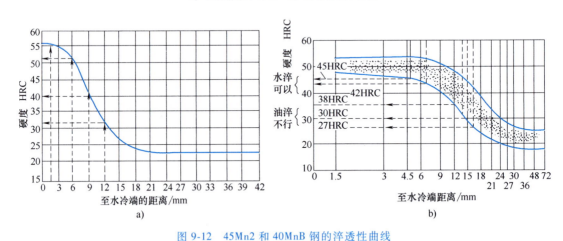

图 9-12 45Mn2 和 40MnB 钢的淬透性曲线
a) 45Mn2 b) 40MnB

9.4 淬火应力、变形及开裂

淬火时为了获得马氏体,一般要求快速冷却,这将引起工件不同部位冷却速率不同、温度不均，从而形成内应力，甚至导致工件的变形和开裂。

9.4.1 淬火应力

淬火应力是指在淬火过程中，由于工件不同部位的温度差异及组织转变不同时所引起的内应力。

淬火后工件内部的应力状态和分布将影响到工件的热处理质量。当淬火应力超过材料的屈服强度时，工件将产生不同程度的变形。当淬火应力超过材料的抗拉强度时，工件就会产生裂纹，甚至完全断裂。但若在淬火工件表面形成残余压应力，却能有效提高其力学性能，特别是疲劳强度，从而延长工件的使用寿命。因此，在认识热处理应力形成规律的基础上，研制和发展一些新的热处理工艺，可更大限度地发挥金属性能潜力。

淬火应力受钢的成分、工件的尺寸大小和结构形状、热处理工艺条件等多种因素的影响，难以测量。目前人们仅能测定淬火后工件表面的残余应力，并借助剥层法经校正来估算其残余应力分布与大小。近年来，运用传热学和弹塑性力学原理，采用有限元法对工件内淬火应力进行数值分析得到了进一步的发展。

根据内应力产生原因的不同，淬火应力分为热应力和组织应力两种。

1. 热应力

热应力是工件在加热（或冷却）时，由于不同部位的温度差异，导致热胀（或冷缩）的不一致所引起的应力。

内应力的方向可分为轴向的、切向的和径向的三种。为简单起见，仅讨论轴向应力的变化。下面以圆柱形零件为例分析热应力的变化规律。在研究热应力时，为了把组织应力与热应力分开，选择不发生相变的奥氏体钢，从加热温度直至室温均保持奥氏体状态。设加热温度为 T_0，均温（即心部与表面温度均达到 T_0）后迅速投入淬火冷却介质中冷却，其心部和表面温度将按图 9-13 所示随着时间的延长而下降。

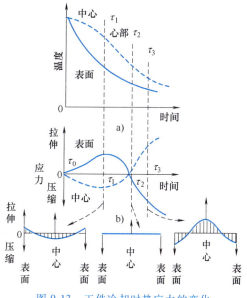

图 9-13　工件冷却时热应力的变化

在 τ_0 至 τ_1 时间内，工件表面与淬火冷却介质的温度差别很大，散热很快，温度下降得很快。心部通过热传导方式向表面散热，温度下降很慢，心部和表面产生很大的温差。工件表面部位温度低，体积收缩得多，心部温度下降得少，体积收缩得少，导致同一工件因内外收缩量不同，相互之间发生作用力。表面因受心部抵制收缩力而胀大，产生拉应力，心部则相反，产生压应力。当应力增大至一定值时，例如在 τ_1 时刻，由于此时温度较高，材料屈服强度较低，将产生塑性变形，松弛一部分弹性应力，其表面和心部应力如图 9-13 所示。

再继续冷却时，由于表面温度已较低，与介质间的热交换已较少，温度下降得较慢。而心部由于与表面温差大，流向表面的热流较大，温度下降快。因此，在 τ_1 至 τ_2 这段时间内,表面收缩得比较慢,比体积减得少,心部收缩得比较快,比体积减得多。至 τ_2 时有可能表面和心部的比体积差减小,相互胀缩的牵制作用减小,内应力减小。因为在 τ_1 时产生的塑性变形削减了部分内应力,因此在 τ_2 时有可能发生表面的温度虽仍低于心部,但内应力为零。

再进一步冷却,由 τ_2 至 τ_3 时,表面和心部均降到室温。由于 τ_2 时心部温度高于表面温度,导致 $\tau_2 \sim \tau_3$ 阶段心部收缩得比表面多,再次产生内应力,且心部为拉应力,表面为压应力。因为 τ_3 时温度低,材料的屈服强度相对较高,不发生塑性变形,内应力不会削减,此应力将残留于工件内。据此得出结论:淬火冷却时,由于热应力引起的残余应力表面为压应力,心部为拉应力。

可见,淬火冷却时产生的热应力是由于冷却过程中截面温度差所造成的。冷却速率越大,截面温差越大,产生的热应力越大。在相同冷却介质条件下,工件加热温度越高,尺寸越大,钢材热导率越小,工件内部温差越大,热应力越大。对于材料来说,热导率和线胀系数决定了热应力大小。热导率越大则热应力越小,线胀系数越大则热应力越大。常用钢的热导率和线胀系数见表9-2。

表9-2 常用钢的热导率和线胀系数

材料牌号	热导率/W·m^{-1}·K^{-1} (100℃)	线胀系数/10^{-6}K^{-1} (20~100℃)
08	80.42	15.6
40	62.92	15.6
70	67.50	13.8
50Mn2	40.21	15.7
40Cr	32.50	15.3
30CrMnSi	29.17	15.22
12CrNi3A	30.83	15.3
30CrNi3A	40.42	13.5
GCr15	40.00	15.33
T13	38.75	15.3
Cr12MoV	19.58	12.2
W18Cr4V	25.83	10.4~15.3
12Cr13	25.00	12.0
102Cr17Mo	29.17	12.0
14Cr23Ni18	15.83	17.5

如果考虑热应力在工件三个方向上的分布情况,则如图9-14所示,其中,沿直径方向(径向应力),心部为拉应力,表面应力为零,一般可不予考虑。沿心轴方向(纵向或轴向应力)及切线方向(切向应力),表面均为压应力,心部为拉应力,特别是轴向拉应力相当大。常见的大型轴类零件如轧辊等,因冷却后轴向残余应力很大,再加上心部往往存在气孔、夹杂、锻造裂纹等缺陷,容易造成横向开裂。

第9章 钢的淬火及回火

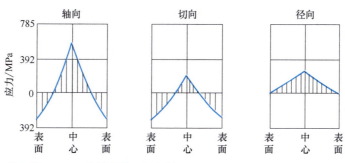

图 9-14　碳含量 0.3%（质量分数）的钢棒（φ44mm）在 700℃ 水冷时的残余热应力

2. 组织应力

工件在热处理过程中各部位冷却速率不同，组织转变具有不同时性，由此引起的应力称为组织应力，也叫相变应力。

钢中奥氏体、珠光体、贝氏体和马氏体的比体积逐渐增大，因此，钢淬火时由奥氏体转变为马氏体将造成显著的体积膨胀。下面仍以圆柱形零件为例分析组织应力的变化规律。为了消除淬火冷却时热应力的影响，选用过冷奥氏体非常稳定的钢，使其从淬火温度极缓慢冷却至 M_s 点之前不发生非马氏体转变，并保持零件内外温度均匀。

零件从 M_s 点快速冷却的淬火初期，其表面直接与淬火冷却介质接触，冷却很快，首先发生马氏体转变，体积要膨胀，而此时心部仍为奥氏体，体积不发生变化，因此，心部阻止表面体积膨胀，使零件表面处于压应力状态，心部处于拉应力状态。继续冷却时，零件表面马氏体转变基本结束，体积不再膨胀，而心部温度才下降到 M_s 点以下，开始发生马氏体转变，心部体积膨胀，但由于此时表面已形成一层硬壳，心部体积膨胀使表面受拉应力，心部受压应力。因此，组织应力引起的残余应力与热应力正好相反，表面为拉应力，心部为压应力。

如果考虑组织应力在工件三个方向上的分布情况，如图 9-15 所示。图 9-15 中所示为直径 50mm 的 Fe-Ni 合金圆柱试样自 900℃ 缓冷至 330℃（M_s 点附近）再急冷至室温后的轴向、切向和径向组织应力分布。可以看到，由组织应力引起的残余应力为：轴向、切向试样表面受拉应力，心部受压应力，且切向表面拉应力要大于轴向表面拉应力；所有方向试样心部都是受压应力，最大压应力在试样最中心。

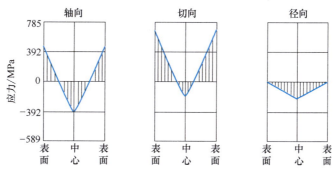

图 9-15　Fe-Ni 合金圆柱试样残余组织应力的分布

组织应力的大小与钢的化学成分、冶金质量、钢件结构尺寸、钢的导热性、钢在马氏体温度范围的冷却速率及钢的淬透性等因素有关。

实际工件在淬火冷却过程中，在组织转变发生之前只有热应力产生，到 Ms 点以下则热应力与组织应力同时产生，且以组织应力为主。这两种应力综合的结果便决定了钢件中实际存在的内应力，但这种综合作用是十分复杂的。由上述分析可知，热应力和组织应力二者的变化规律正好相反，如果恰当利用其彼此相反的特性，使热应力和组织应力相互抵消，可以显著减少淬火引起的变形和开裂。

9.4.2 淬火变形

热处理时工件的变形包括尺寸变化和几何形状变化两种。前者是由于热处理过程中工件体积变化所引起的，表现为工件体积按比例地胀大或缩小，又称体积变化；后者是以扭曲或翘曲、弯曲的形式表现出来的，又称翘曲变形。生产实践中工件的变形多是兼有这两种情况，因此在一般情况下，往往不加以区分而统称为变形。不论哪种变形，主要都是由于热处理时工件内部产生的内应力所造成的。

1. 淬火变形的基本规律

热应力引起的形状变形发生在淬火初期，此时工件内部温度高，表面冷却快，工件内外温差最大，瞬时热应力表现为表面拉应力，心部压应力。由于心部温度高，其屈服强度比表面低得多，当应力超过该温度下材料的屈服强度时就会发生塑性变形，工件表现为在多向压应力作用下的变形，即立方体向球形方向变化。由此导致的结果是，工件沿最大尺寸方向收缩，沿最小尺寸方向增长，力图使工件的棱角变圆，平面凸起。例如，长圆柱体长度缩短，直径胀大。表 9-3 中给出了各种简单形状零件热应力所引起的淬火变形趋向，即杆件趋于鼓形，扁平体趋于铁饼形，四方体趋于球形，套筒趋于瓮形。

组织应力引起的变形也产生在相变初期组织应力最大的时候，瞬时组织应力方向与热应力相反，表现为表面压应力，心部为拉应力。此时工件截面温差较大，心部温度较高，仍处于奥氏体状态，塑性较好，屈服强度较低。其变形表现为心部在多向拉应力作用下的拉长，变形趋向与热应力相反，即沿最大尺寸方向伸长，沿最小尺寸方向收缩，力图使工件的棱角凸出，平面内凹。例如，长圆柱体长度伸长，直径缩小。表 9-3 给出了各种简单零件组织应力所引起的淬火变形趋向，即四方体八角凸出，杆件长度伸长、直径缩小至樽形，套筒趋于长鼓形，扁平体呈双凹透镜形状。

工件淬火前的组织状态一般为珠光体型，淬火后的组织为马氏体型。由于新相与母相的比体积存在差异，使工件的体积在各个方向上做均匀地膨胀或收缩，从而产生变形，这种现象称为相变体积效应。这种变形只按比例胀缩，不改变形状。但对圆（方）孔体工件，尤其是壁厚较薄的工件，当体积增大或减小时，往往是高度、外径（外廓）和内径（内腔）等尺寸均同时增大或缩小，详见表 9-3。表 9-4 为碳钢中常见各相的比体积。相变体积效应对变形趋向的影响也可用表 9-5 归纳说明，它可以作为分析工件变形规律的基本依据。

2. 影响淬火变形的因素

影响淬火变形的因素很多，其综合作用也十分复杂，主要有以下几个方面：

（1）**钢的淬透性** 若钢的淬透性较好，则可以使用冷却较为缓和的淬火冷却介质，热应力就相对较小，工件一般以组织应力造成的变形为主。反之，若钢的淬透性较差，则热应力对变形的作用就较大。

表 9-3 各种简单形状零件的淬火变形趋向

项目	杆件	扁平体	四方体	套筒	圆环
原始状态	d, L	d, L	d, L	D, d, L	D, d, L
热应力作用	d^+, L^-	d^-, L^+	表面最凸	d^-, D^+, L^-	D^+, d^-
组织应力作用	d^-, L^+	d^+, L^-	表面瘪凹	d^+, D^-, L^+	D^-, d^+
组织转变作用	d^+, L^+	d^+, L^+	d^+, L^+	d^+, D^-, L^+	D^+, d^+

表 9-4 碳钢中常见各相的比体积（$w(C)$ 为碳钢的碳含量）

相组成	比体积/$cm^3 \cdot g^{-1}$	相组成	比体积/$cm^3 \cdot g^{-1}$
奥氏体	$0.1212 \pm 0.0033 w(C)$	渗碳体	0.130 ± 0.001
马氏体	$0.1271 \pm 0.0025 w(C)$	ε-碳化物	0.150 ± 0.002
铁素体	0.1271	珠光体	$0.1271 \pm 0.005 w(C)$
低碳马氏体+ε-碳化物	$0.1277 + 0.0015(w(C) - 0.25)$	铁素体+ε-碳化物	$0.1271 + 0.0015 w(C)$

表 9-5 碳素工具钢组织变化时体积和尺寸的变化（$w(C)$ 为碳素工具钢的碳含量）

组织变化	体积变化(%)	尺寸变化(%)
奥氏体→马氏体	$4.46 - 0.53 w(C)$	$0.0155 + 0.0018 w(C)$
奥氏体→下贝氏体	$4.64 - 1.43 w(C)$	$0.0156 - 0.0048 w(C)$
奥氏体→铁素体+渗碳体	$4.64 - 2.21 w(C)$	$0.0155 - 0.0074 w(C)$

（2）奥氏体的化学成分　奥氏体中碳含量越低，低碳马氏体的比体积越小，组织应力也越小，热应力的作用就越大。一般奥氏体中合金元素含量越高，钢的屈服强度越高，淬透性越好，可采用冷却较缓和的淬火冷却介质，淬火变形较小。

奥氏体的化学成分还影响到 Ms 点的高低，这对淬火冷却时的热应力影响不大，但对组织应力却有很大影响。若 Ms 点较高，则开始发生马氏体转变时工件的温度较高，尚处于较好的塑性状态，在组织应力的作用下很容易变形，组织应力对变形的影响就很大。若 Ms 点较低，则发生马氏体转变时工件温度较低，塑性变形抗力较大，加之残留奥氏体量也较多，组织应力对变形的影响就小，此时工件易于保留由热应力引起的变形趋向。

（3）原始组织　原始组织是指淬火前的组织状况，包括钢中夹杂物的等级、带状组织（铁素体或珠光体的带状分布、碳化物的带状分布）等级、成分偏析（包括碳化物偏析）程度、游离碳化物质点分布的方向性以及不同预备热处理所得到的不同组织（如珠光体、索氏体、回火索氏体）等。例如，钢的带状组织和成分偏析易使钢加热至奥氏体状态后存在成分的不均匀性，可能导致淬火后组织的不均匀性，即低碳低合金元素区可能得不到马氏体（而得到托氏体或贝氏体），或得到比体积较小的低碳马氏体，从而造成工件不均匀的变形。又如，高碳合金钢（如高速钢 W18Cr4V、高铬钢 Cr12）通常是沿着碳化物带状方向的淬火变形大于垂直方向的变形。

（4）热处理工艺　淬火加热温度提高，不仅热应力增大，而且由于淬透性增加，组织应力也增大，导致变形增大。冷却速率越大，淬火内应力越大，淬火变形也越大，但热应力引起的变形主要取决于 Ms 点以上的冷却速率，组织应力引起的变形主要取决于 Ms 点以下的冷却速率。

（5）工件形状与尺寸　一般来讲，形状简单、截面对称的工件淬火变形小，形状复杂、截面不对称的工件淬火变形大。因为截面不对称会使工件产生不均匀的冷却，通常在棱边和薄边处冷却较快，在凹角和窄沟槽处冷却较慢，外表面比内表面冷却快，圆凸外表面比平面冷却快，导致各个部位之间产生一定的热应力和组织应力。工件截面的不对称也是造成翘曲变形的根本原因。如能人为地创造某些"不对称"的冷却条件（如将厚大截面部分先放入淬火冷却介质），使工件的不同部分尽可能得到均匀的冷却，将减小工件的翘曲变形。

工件尺寸对淬火变形的影响也很大。工件尺寸越大，淬火时内外温差越大，变形就越大。

此外，工件在淬火前的残余应力有无消除、工件加热装炉方式、工件装夹方式、工件淬火时淬入介质的方式以及在冷却介质中的运动方式等，均对工件淬火变形有很大的影响，生产中应予以足够的重视。例如，直径细小的零件以及片状或薄板状零件，应垂直加热并在静止的介质中冷却，尽可能降低因外力作用而造成的变形超差。

9.4.3　淬火开裂

淬火开裂主要发生在淬火冷却的后期，即马氏体转变基本结束或完全冷却后，此时工件塑性很差而强度很高，其内应力超过材料的抗拉强度时就会产生裂纹，甚至完全断裂。因此，产生淬火开裂的主要原因是淬火应力过大。若工件内存在着非金属夹杂物、碳化物偏析或其他割离金属的粗大第二相以及由于各种原因存在于工件中的微小裂纹，都容易导致钢材强度下降，当淬火应力过大时，也将引起淬火开裂。

1. 淬火裂纹的种类

淬火裂纹通常可以分为纵向裂纹、横向裂纹、弧形裂纹、网状裂纹、剥离裂纹和显微裂纹。

（1）纵向裂纹　纵向裂纹又称轴向裂纹，是沿着工件轴向方向由表面裂向心部的深度较大的裂纹，其形状如图 9-16 所示。纵向裂纹往往在钢件完全淬透情况下发生。由于淬火时形成的组织应力是表面拉应力，心部压应力，热应力是表面压应力，心部拉应力，且一般热应力较小，因此，热应力和组织应力叠加后，表面为拉应力，心部为压应力。当表面的最大切向拉应力比轴向拉应力大，且大于材料抗拉强度时，便可能形成由表面向内部的纵向裂纹。在 Ms 点以下缓慢冷却可有效避免产生这种裂纹。

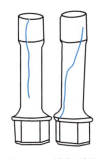

图 9-16　纵向裂纹

纵向裂纹的形成除了热处理工艺及操作方面的原因，还与钢的碳含量、工件尺寸及原材料缺陷等因素有关。钢的碳含量越高，越容易形成纵向裂纹；实践证明，工件的纵向开裂有明显的"尺寸效应"，直径小的工件表面与心部温差小，淬火应力也小，不易淬裂，直径较大的工件表面层的热应力较大，心部淬不透，冷却后心部受拉应力而表面受压应力，也不易产生开裂。工件在完全淬透情况下，有一个淬裂的"危险"尺寸，如碳钢水淬时直径为 8～15mm，油淬时直径为 25～40mm。对尺寸处于此范围的工件，应慎重选择淬火方法和淬火冷却介质；当钢中沿纵向有严重带状碳化物偏析或者非金属夹杂物时，它们会增大形成纵向裂纹的敏感性，其所在处相当于既存裂纹，在淬火切向拉应力作用下，促进裂纹发展而成为宏观的纵向裂纹。因此，热处理前材料中的既存裂纹、大块非金属夹杂、严重的碳化物带状偏析等缺陷的存在，既增加了工件的附加应力，也降低了材料的强度和韧性。

(2) 横向裂纹和弧形裂纹　横向裂纹和弧形裂纹多产生于工件内部，特征为断口与轴线垂直，如图 9-17 所示。

横向裂纹大体与工件轴线方向垂直，由内往外断裂，常发生于大型轴类工件上，如轧辊、发电机转子等。这是因为工件未淬透时，在淬硬区与未淬硬区之间的过渡区存在一个最大的轴向拉应力峰值，当超过材料的抗拉强度时，横向裂纹形成并扩展到零件表面，属于热应力所引起的裂纹。由于大锻件往往还存在气孔、夹杂物、锻造裂纹和白点等冶金缺陷，这些缺陷易作为裂纹源，在轴向拉应力作用下断裂。

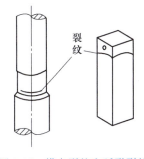

图 9-17　横向裂纹和弧形裂纹

弧形裂纹也是由于热应力引起的，主要产生于工件形状突变的部位，呈弧形分布，多见于表面淬火件的硬化区与非硬化区之间的过渡区以及尖锐棱角、凹槽及孔洞附近。当直径或厚度为 80～100mm 以上的高碳钢制件淬火没有淬透时，应力特征为表面呈压应力，心部呈拉应力，在淬硬区至未淬硬区的过渡区出现最大拉应力，弧形裂纹就发生在这些区域。类似地，尖锐棱角处的冷却速率快，全部淬透，在向平缓部位（未淬硬区）过渡时，也会出现最大拉应力区，产生弧形裂纹。此外，由于销孔或凹槽部位或中心孔附近的冷却速率较慢，相应的淬硬层较薄，在淬硬过渡区附近的拉应力也引起弧形裂纹。

(3) 网状裂纹　网状裂纹分布在工件表面，又称表面裂纹或表面龟裂，其深度较浅（0.01～2mm），裂纹走向无规律性，构成网状。表面裂纹形态与工件外形无关，但与裂纹深度有关，如图 9-18 所示。当裂纹深度较浅时，工件表面形成细小的网状裂纹（图 9-18a）；当裂纹较深，如接近 1mm 或更深时，则表面裂纹不一定呈网状分布（图 9-18d）。

网状裂纹的形成是由于表面组织的比体积小于心部，在表面形成多向拉应力状态，当表面材料的硬度高、脆性大，在拉应力作用下不能发生塑性变形时就出现这种裂纹。例如，表面脱碳的高碳钢件，淬火时表层的马氏体含碳量低，其比体积比内层马氏体的小，于是在表层形成拉应力，当拉应力值达到或超过钢的抗拉强度时，就在脱碳层形成表面裂纹。

(4) **剥离裂纹**　剥离裂纹又称表面剥落，主要发生在高频感应淬火、火焰淬火或其他表面淬火件和化学热处理件中。剥离裂纹与零件的表面平行，产生在表层极薄的范围，在内部存在拉应力向压应力急剧过渡的区域内。例如，零件经渗碳淬火时，其渗碳层淬

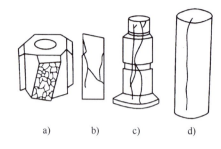

图 9-18　表面网状裂纹
a) 裂纹深度为 0.02mm　b) 裂纹深度为 0.4~0.5mm
c) 裂纹深度为 0.6~0.7mm　d) 裂纹深度为 1.0~1.5mm

火成马氏体，内部过渡层可能得到托氏体，心部则仍保持原始组织。由于马氏体的比体积大，膨胀时受到内部的牵制，使得马氏体层呈现压应力状态，但接近马氏体层极薄的过渡层具有拉应力，可能形成剥离裂纹。

(5) **显微裂纹**　前几种裂纹都是宏观内应力所致，显微裂纹则是由微观内应力（第二类内应力）造成的，这种裂纹需在显微镜下才能观察到。显微裂纹往往产生在原奥氏体晶界处或马氏体片的交界处。研究表明，显微裂纹多见于过热的高碳钢或渗碳件的片状马氏体中。显微裂纹会显著降低工件的强度、塑性等力学性能，威胁工件运转的安全性，并导致零件的早期断裂。

2. 影响淬火开裂的因素

影响淬火开裂的因素很多，根本原因是淬火时产生的内应力（拉应力）超过了材料的抗拉强度。主要的影响因素可以归纳为以下几点：

(1) **原材料缺陷**　原材料中往往存在一些冶金缺陷，如缩孔、白点、裂痕、非金属夹杂、偏析及带状组织等，它们破坏了基体金属的连续性，都可能成为产生淬火裂纹的根源。例如，钢中大块非金属夹杂，与基体结合较弱，降低了钢的力学性能，在淬火时会造成应力集中，易由此产生裂纹。

(2) **锻造与轧制后存在的缺陷**　零件毛坯在锻造与轧制过程中，由于锻、轧工艺控制不当，可能形成裂纹或带状组织、过热、过烧及表面严重脱碳等缺陷，这些缺陷在淬火时会更加严重。这种裂纹两侧有严重的脱碳，往往伴有大量的氧化物夹杂，裂纹面呈黑色，这些都是因锻造与淬火加热造成的，易与纯淬火裂纹区别开来。

(3) **工件结构设计或选材不当**　工件壁厚相差悬殊或具有尺寸突变（尖角、棱角、凹槽等），淬火时局部冷却速率急剧变化，易形成应力集中，增加淬火的残余应力，增大淬火开裂倾向。内径小的圆柱体工件，尤其是在碳含量高和淬不透的情况下，在中心孔附近的内表面组织应力引起的切向拉应力峰值很高，致使中心孔内壁产生裂纹。选材时，若采用淬透性低的钢种制造形状复杂的零件，也会造成冷却过程发生开裂。

(4) **淬火工艺不当**　这是淬火裂纹形成的主要原因。淬火加热温度过高，则奥氏体晶粒粗大，淬火所得马氏体也粗大，应力与脆性均显著增大，使钢脆化（尤其对高碳钢），抗拉强度降低，淬裂倾向增大。加热速度太快或各部分加热速度不均匀，则导热性差的高合金钢零件或形状复杂、尺寸较大的零件很容易产生裂纹。冷却速率过快（尤其是 Ms 点以下冷却过快），淬火后未及时回火，表面脱碳或双介质淬火时出水出油温度掌握不当等，都易造

成工件开裂。例如，高速钢工件采用水淬油冷时，如果在水中停留时间过长，马氏体会在此冷却速率下形成，易造成开裂。5CrNiMo 钢热锻模油冷至 250℃ 左右，应取出并立即回火，否则也会发生开裂。

9.5 淬火工艺

在工件的加工工艺流程中，淬火是使工件强化的主要工序，淬火工件的外形尺寸及几何精度也在淬火前处于最后完成阶段，因此，淬火不仅要保证良好的组织和性能，还要保持尺寸精度，而这两者之间往往存在矛盾。因为获得足够的硬度和淬透深度需激烈地冷却工件，这势必导致淬火应力的产生，增加变形开裂倾向，所以淬火工艺远比退火、正火复杂。

确定工件淬火工艺的依据是工件图样及技术要求、所用材料牌号、相变点、过冷奥氏体等温或连续冷却转变曲线、端淬曲线、加工工艺路线及淬火前的原始组织等。只有充分掌握这些原始资料，才能正确地确定淬火工艺规范。

淬火工艺规范包括淬火加热方式、加热温度、保温时间、冷却介质及冷却方式等。

9.5.1 淬火加热规范的确定

1. 淬火加热温度的确定

淬火加热温度主要根据钢的临界点来确定，其应以得到均匀细小的奥氏体晶粒为原则，以便淬火后获得细小的马氏体组织。

亚共析钢的淬火加热温度一般为 $Ac_3+(30\sim50)$℃，目的是使工件心部在规定加热时间内保证达到 Ac_3 点以上的温度，铁素体能完全溶解于奥氏体中，且奥氏体成分比较均匀，晶粒又不致粗大。若亚共析钢的淬火加热温度低于 Ac_3，则加热状态为奥氏体与铁素体两相组成，淬火冷却后铁素体保存下来，使得零件淬火后硬度不均匀，强度和硬度降低。

共析钢和过共析钢的淬火加热温度为 $Ac_1+(30\sim50)$℃。此时过共析钢处于 $Ac_1\sim Ac_{cm}$ 之间，加热状态为细小奥氏体晶粒和未溶解碳化物，淬火后得到隐晶马氏体和均匀分布的球状碳化物，这种组织不仅有高的强度、硬度和耐磨性，而且也有较好的韧性。淬火加热温度高于 Ac_1 以上 30~50℃，目的和亚共析钢类似，是为了保证工件内部温度均高于 Ac_1。如果淬火加热温度过高，碳化物溶解，奥氏体晶粒长大，淬火后得到粗大马氏体，显微裂纹增加，脆性增大，淬火开裂倾向也增大。同时，碳化物的完全溶解会使奥氏体中碳含量过高，淬火后残余奥氏体量增多，导致钢的硬度和耐磨性降低。

确定淬火加热温度时，还应考虑工件的形状、尺寸、原始组织、加热速度、冷却介质和冷却方式等因素。工件尺寸大时，传热慢，容易加热不足，淬火加热温度可选得高一些；加热速度快时，工件温差大，也容易出现加热不足，也应选择较高的淬火加热温度，且由于加热速度快，奥氏体起始晶粒细小，也允许采用较高加热温度。在这种情况下，淬火温度可取 $Ac_3+(50\sim80)$℃，对细晶粒钢有时取 Ac_3+100℃，但形状较复杂、容易变形开裂的工件，加热速度应较慢，淬火加热温度取下限；考虑原始组织时，如果先共析铁素体比较粗大或珠光体片层间距较大，为了加速奥氏体均匀化过程，淬火温度应取得高一些。对过共析钢，为了加速合金碳化物的溶解以及合金元素的均匀化，也应采取较高的淬火温度，如高速钢的 Ac_1

点为820~840℃，但淬火加热温度高达1280℃；考虑选用淬火冷却介质和冷却方式时，在选用冷却速率较低的淬火冷却介质和淬火方法的情况下，为了增加过冷奥氏体的稳定性，防止工件在淬火时发生珠光体型转变，常取稍高的淬火加热温度。表 9-6 列出了部分常用钢的临界点与淬火加热温度。

表 9-6 部分常用钢的临界点与淬火加热温度

牌号	临界点/℃		淬火温度/℃	牌号	临界点/℃		淬火温度/℃
	Ac_1	Ac_3/Ac_{cm}			Ac_1	Ac_3/Ac_{cm}	
45	724	780	820~840 盐水 840~860 碱浴	35CrMo	755	800	850~870 油或水
T10	730	800	780~800 盐水 810~830 硝盐、碱浴	60Si2Mn	755	810	840~870 油
CrWMn	750	940	830~870 油	20CrMnTi	740	825	830~850 油
9SiCr	770	870	850~870 油 860~880 硝盐、碱浴	30CrMnSi	760	830	850~870 油
Cr12MoV	810	1200	1020~1150 油	20MnTiB	720	843	860~890 油
W18Cr4V	820	1330	1260~1280 油	40MnB	730	780	820~860 油
40Cr	743	782	850~870 油	38CrMoAl	800	940	930~950 油

2. 淬火加热时间的确定

淬火加热时间应包括工件整个截面加热到预定淬火温度，并使之在该温度下完成组织转变、碳化物溶解和奥氏体成分均匀化所需的时间。因此，淬火加热时间包括升温和保温两段时间。在实际生产中，只有大型工件或装炉量很多的情况下，才把升温时间和保温时间分别进行考虑。一般情况下把升温和保温两段时间通称为淬火加热时间。

在具体生产条件下，淬火加热时间常用经验公式计算，并通过试验最终确定。常用经验公式为

$$\tau = aKD \tag{9-1}$$

式中，τ 为加热时间（min）；a 为加热时间系数（min/mm），表示工件单位厚度需要的加热时间，其大小与工件尺寸、加热介质和钢的化学成分有关，见表 9-7；K 为装炉修正系数，一般为 1~1.5，装炉量大时，K 值可取上限；D 为工件有效厚度（mm），其计算可按下述原则确定：圆柱体取直径，正方形截面取边长，长方形截面取短边长，板件取板厚，套筒类工件取壁厚，圆锥体取离小头 2/3 长度处直径，球体取球径的 0.6 倍。

表 9-7 常用钢的加热时间系数

工件材料	工件直径/mm	<600℃箱式炉	750~850℃盐炉中加热或预热	800~900℃箱式炉或井式炉	1100~1300℃高温盐炉
碳钢	≤50	—	0.3~0.4	1.0~1.2	—
	>50		0.4~0.5	1.2~1.5	
合金钢	≤50	—	0.45~0.50	1.2~1.5	—
	>50		0.50~0.55	1.5~1.8	
高合金钢	—	0.35~0.40	0.30~0.35	—	0.17~0.20
高速钢			0.30~0.35	0.65~0.85	0.16~0.18

9.5.2 淬火冷却介质及冷却方式的确定

淬火冷却介质的选择首先应按工件所采用的材料及其淬硬层深度的要求，根据该种材料的端淬曲线，通过一定的图表来进行选择。若仅从淬硬层深度角度考虑，凡是淬冷烈度大于按淬硬层深度要求的淬冷烈度的淬火冷却介质都可采用，但从淬火应力、变形和开裂的角度考虑，淬火冷却介质的淬冷烈度越低越好。综合这两方面的要求，选择淬火冷却介质的首要原则是在满足工件淬硬层深度要求的前提下，选择淬冷烈度最低的淬火冷却介质。其次，结合过冷奥氏体连续冷却转变曲线选择淬火冷却介质时，还应考虑其冷却特性。淬火冷却介质的冷却特性应保证被淬火钢在过冷奥氏体最不稳定区有足够的冷却能力，而在马氏体转变区冷却速率相对缓慢。此外，淬火冷却介质的冷却特性在使用过程中还应该稳定，长期使用和存放不易变质，价格低廉，来源丰富，无毒无环境污染。

实际上很难得到能同时满足上述要求的淬火冷却介质。在实践中，往往把淬火冷却介质的选择与冷却方式的确定结合起来考虑。例如，根据钢材不同温度区域对冷却速率的不同要求，在不同温度区域采用不同淬冷烈度的淬火冷却介质的冷却方式，如双液淬火法中的水淬油冷、油淬空冷等。再如，为了破坏蒸汽膜以提高高温区的冷却速率，采用强烈搅拌或喷射冷却等。

一般来说，工件淬入淬火冷却介质时应采用下述操作方法，使其冷却比较均匀：厚薄不均的工件，厚的部分先淬入；细长工件一般应垂直淬入；薄而平的工件应侧放直立淬入；薄壁环状零件应沿其轴线方向淬入；具有闭腔或盲孔的工件应使腔口或孔向上淬入；截面不对称的工件应以一定角度斜着淬入。

9.5.3 淬火方法的选择

淬火方法的选择主要以获得马氏体，减少内应力，减少工件的变形和开裂为依据。常用的淬火方法有：单液淬火、双液淬火、分级淬火、等温淬火等，如图 9-19 所示。

1. 单液淬火

工件在一种介质中冷却（图 9-19 曲线 1），如水淬、油淬等。这种淬火方法适用于形状简单的碳钢和合金钢工件。

为了减小单液淬火时的淬火应力，常采用预冷淬火法，即将奥氏体化的工件从炉中取出后，先在空气或预冷炉中冷却一段时间，待工件冷至比临界点稍高一点的一定温度后，再放入淬火冷却介质中冷却。预冷降低了工件进入淬火冷却介质前的温度，减小了工件与淬火冷却介质间的温差，降低了热应力和组织应力，减小了工件变形开裂倾向。但操作上不易控制预冷温度，需要经验来掌握。

单液淬火的优点是操作简便，易于实现机械化，应用广泛。缺点是在水中淬火应力大，工件容易变形开裂，在油中淬火时冷却速率小，大型工件不易淬透。

2. 双液淬火

工件先在较强冷却能力介质中冷却到接近 Ms 点时，再

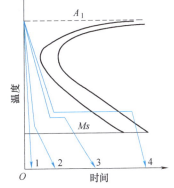

图 9-19　不同淬火方法示意图

1—单液淬火　2—双液淬火
3—分级淬火　4—等温淬火

立即转入冷却能力较弱的介质中冷却，直至完成马氏体转变（图 9-19 曲线 2），如先水淬后油淬。这种方法可有效减小马氏体转变时的内应力以及工件变形开裂的倾向，可用于形状复杂、截面不均匀的工件淬火。

双液淬火法要求较熟练的操作技术，否则难以掌握好双液转换的时间，转换过早容易淬不硬，转换过迟又容易淬裂。经验表明，对碳素工具钢工件一般以每 3mm 有效厚度在水中停留 1s 计算，对形状复杂的工件则以每 4~5mm 在水中停留 1s 计算，大截面低合金钢可以按每 1mm 有效厚度停留 1.5~3s 计算。

3. 分级淬火

分级淬火是将奥氏体状态的工件首先淬入温度略高于钢 Ms 点 $[Ms+(10~30)℃]$ 的盐浴或碱浴炉中，保温 τ 秒 $[\tau=30+5D，D$ 为工件的有效厚度（mm）]，工件内外温度均匀后再从浴炉中取出空冷至室温，完成马氏体转变（图 9-19 曲线 3）。这种淬火方法由于工件内外温度均匀，并在缓慢冷却条件下完成马氏体转变，不仅减小了热应力，还显著降低了组织应力，能有效减小或防止工件淬火变形和开裂，同时还克服了双液淬火出水入油时间难以控制的缺点。但这种淬火方法中冷却介质温度较高，工件在浴炉中的冷却速率较慢，大截面零件可能产生珠光体类转变，同时等温时间也有限制，因此分级淬火只适用于尺寸较小的工件，如刀具、量具和要求变形很小的精密工件。

分级温度也可取略低于 Ms 点的温度。实践表明，在 Ms 点以下分级淬火的效果更好。因为此时温度较低，冷却速率较快，等温以后已有相当一部分奥氏体转变为马氏体，当工件取出空冷时，剩余奥氏体发生马氏体转变。这种淬火方法适用于较大工件的淬火，如高碳钢模具在 160℃ 的碱浴中分级淬火，既能淬硬，变形又小，应用很广泛。

4. 等温淬火

等温淬火是将奥氏体化后的工件淬入 Ms 点以上某温度盐浴中，等温足够长时间，使之转变为下贝氏体组织，然后取出空冷的淬火方法（图 9-19 曲线 4）。等温淬火实际上是分级淬火的进一步发展，所不同的是等温淬火获得下贝氏体组织，其强度、硬度较高，韧性良好，因此，等温淬火可显著提高钢的综合力学性能。

等温淬火的加热温度通常比普通淬火高 30~80℃，目的是提高奥氏体的稳定性，增大冷却速率，防止等温冷却过程中发生珠光体型组织转变。等温淬火时的等温温度应根据钢的力学性能要求来确定。如要求强度、硬度高，则等温温度应偏低，反之亦然。等温温度允许的偏差为 ±5℃，比淬火加热时的 ±10℃ 要严格得多。等温时间可根据钢的 IT 图进行估算。等温过程中，碳钢的贝氏体转变一般可以完成，等温淬火后不需要进行回火，但对于某些合金钢（如高速钢），其过冷奥氏体非常稳定，等温过程中贝氏体转变不能全部完成，剩余的过冷奥氏体在空气中冷却时会转变为马氏体，则等温淬火后需要进行适当的回火。

如 5.2.2 节中所述，等温淬火可以显著减小工件变形和开裂倾向，适宜处理形状复杂、尺寸要求精密的工具和主要的机器零件，如模具、刀具、齿轮等。与分级淬火一样，等温淬火也只能适用于尺寸较小的工件。

除上述常见的淬火方法外，还有一些其他淬火方法，如喷射淬火法。这种淬火方法是向工件喷射水流，主要用于局部淬火的工件，特别适用于厚壁零件的小孔内表面淬火。喷射淬火时不会在工件表面形成蒸汽膜，可保证得到比普通水淬更深的淬硬层。为了消除因水流之间冷却能力不同所造成的冷却不均匀现象，水流应细密，最好同时让工件上下运动或旋转。

9.6 钢的回火

9.6.1 回火的定义与目的

回火是将淬火后的零件加热到 Ac_1 以下某一温度,保温一定时间后,以适当的方式冷却到室温的热处理工艺。它是紧接淬火后的下道热处理工序,可以决定钢在使用状态下的组织和性能,关系着工件的使用寿命。淬火工件回火的主要目的如下:

1) 合理地调整钢的硬度和强度,提高钢的韧性,使工件满足使用性能要求。如刀具、量具、模具等经回火后,可在保持高硬度和良好耐磨性的同时,适当提高韧性。各种机器零件经回火可提高其强韧性。

2) 淬火后获得的马氏体和残余奥氏体都是不稳定组织,在工作中会发生分解,导致零件尺寸变化,这对精密零件是不允许的。通过回火可稳定组织,使工件在长期使用过程中不发生组织转变,稳定工件的形状与尺寸。

3) 降低或消除工件的淬火内应力,减小工件的变形,防止开裂。

9.6.2 回火的分类及应用

1. 淬火钢在回火过程中的组织与性能变化

淬火钢在回火过程中,随着加热温度的提高,其组织和力学性能都将发生变化,如图 9-20 和图 9-21 所示。

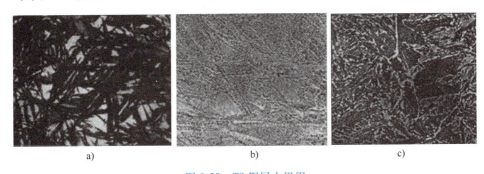

图 9-20　T8 钢回火组织

a) 低温回火（回火马氏体）　b) 中温回火（回火托氏体）　c) 高温回火（回火索氏体）

(1) **马氏体分解,发生于<200℃**　回火温度小于 80℃ 时,淬火钢中没有明显的组织转变。当回火温度在 80~200℃ 时,马氏体开始分解,得到过饱和度有所降低的过饱和 α 及细小弥散碳化物 ε 相（$Fe_{2.4}C$）,即回火马氏体（碳化物存在于板条或片内）。相比于马氏体,回火马氏体的晶格畸变降低,淬火内应力减小,硬度基本不变,脆性下降。

(2) **残余奥氏体转变,发生于 200~300℃**　残余奥氏体从 200℃ 开始分解,到 300℃ 基本结束,一般转变为下贝氏体。同时,马氏体继续分解为回火马氏体。这一阶段组织仍以回火马氏体为主,硬度降低不大,淬火应力进一步减小。

(3) **回火托氏体的形成,发生于 300~400℃**　随着温度的升高,碳的扩散能力提高,继续从过饱和 α 固溶体中析出,使之转变为铁素体,同时 ε 碳化物转变为 Fe_3C（细球状）,

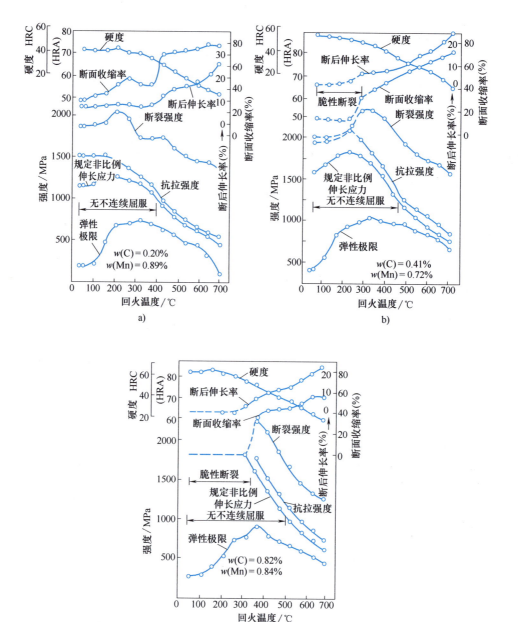

图 9-21 回火温度对钢力学性能的影响

a) $w(C) = 0.2\%$ b) $w(C) = 0.41\%$ c) $w(C) = 0.82\%$

得到针状铁素体和球状渗碳体组成的复相组织,称为回火托氏体。此时淬火应力大部分消除,钢的硬度和强度下降,塑性升高,弹性极限达到最大值。

(4) 渗碳体的聚集长大和铁素体再结晶,发生于>400℃ 当回火温度大于400℃时,渗碳体球将聚集长大,形成较大的粒状渗碳体,且随着回火温度的升高而粗化。当回火温度上升到500~600℃时,铁素体逐渐发生再结晶,由针状铁素体转变为多边形铁素体,得到多边形的等轴铁素体及粒状Fe_3C的复相组织,称为回火索氏体。这时内应力几乎完全消除,强度和硬度继续下降，塑性和韧性继续升高，综合力学性能良好。

可见，淬火钢在不同温度回火时，所得到的组织是不同的，力学性能差别也很大。但总的趋势是，随着回火温度升高，强度和硬度下降，塑性和韧性上升。

2. 回火类型

回火时，决定钢组织和性能的主要因素是加热温度。根据回火温度不同，回火可以分为以下三类：

（1）低温回火（<250℃）　对要求有高的强度、硬度、耐磨性及一定韧性的零件，通常在淬火后150～250℃进行低温回火，获得以回火马氏体为主的组织。它主要适用于中、高碳钢制造的各类工模具、机器零件，对渗碳和碳氮共渗淬火后的零件也要进行低温回火。

高碳工模具钢为了保证高强度、高硬度和高耐磨性，常在180～200℃低温回火。某些尺寸稳定性要求很高的工件，在200～225℃进行长达8～10h的回火，其目的是让淬火后的残留奥氏体和马氏体充分转变为以回火马氏体为主的组织，保证组织的稳定性，以此代替冷处理工序。

用低碳钢制得的形状简单零件，淬火后获得低碳马氏体组织，具有高的强度、塑性、韧性以及良好的冷加工性，综合力学性能高，可以不必进行低温回火。经过淬火及低温回火后的低碳低合金结构钢，其力学性能与中碳调质钢相当，可以代替中碳调质钢制造某些标准件及结构零部件，这在我国已普遍应用。

对于精密量具、轴承、丝杠等零件，为了减少它们在最后冷加工中形成的附加应力，增加尺寸稳定性，可增加一次在120～250℃保温长达几十小时的低温回火，也称为人工时效或稳定化处理。

（2）中温回火（350～500℃）　主要用于处理弹簧钢。中温回火后得到回火托氏体组织，微观内应力大大减小，可使弹簧钢的弹性极限显著提高，同时又具有足够的强度、塑性和韧性。为了避免第一类回火脆性，一般回火温度不宜低于350℃。

近年来，对某些小能量多次冲击载荷下工作的中碳钢工件，采用淬火后中温回火代替传统的调质处理，可大幅度提高工件的使用寿命。

（3）高温回火（>500℃）　淬火加高温回火又称调质处理。经调质处理后，得到回火索氏体组织，使钢的强度、塑性、韧性配合恰当，具有良好的综合力学性能。调质处理广泛应用于中碳结构钢和低合金结构钢制造的各种受力比较复杂的重要结构零件，如发动机曲轴、连杆、螺栓、汽车半轴、机床主轴及齿轮等，也可作为某些精密工件，如量具、模具等的预备热处理。

与正火处理相比，在获得相同硬度条件下，钢经调质处理后的屈服强度、韧性和塑性明显提高。

高碳高合金钢（如高速钢、高铬钢）的回火温度一般高达500～600℃，在此温度范围内回火将发生二次硬化。这是因为马氏体和残留奥氏体中将沉淀析出细小弥散的合金碳化物，同时残留奥氏体转变成马氏体（即"二次淬火"），使钢的硬度明显上升，获得较理想的硬度和热硬性。在回火工艺中，残留奥氏体量过多会影响组织的稳定性，也不利于高速钢、高铬钢的热硬性，因此要限制组织中残留奥氏体的比例。为促使残留奥氏体的转变，并消除回火过程中奥氏体向马氏体转变时产生的内应力，往往还需要进行多次回火，每次回火加热又使前一次的淬火马氏体回火，最终获得以回火马氏体为主、兼有合金碳化物和少量残留奥氏体的组织。

对于合金化程度较高的 18Cr2Ni4W 等渗碳钢种，如渗碳后预冷淬火，由于其奥氏体非常稳定，渗层中会存在着大量残留奥氏体，使硬度降低。因此，生产中渗碳空冷后应进行 600~680℃ 高温回火，使渗层中的马氏体及残留奥氏体分解，并使渗碳层中碳化物析出、球化，有效减少后续淬火后表层中的残留奥氏体量，随后再进行加热淬火和低温回火，可保证渗层的高硬度。

9.6.3 钢的回火脆性

随着回火温度的提高，总体上淬火钢的硬度和强度降低，塑性和韧性得到提高和改善，但在 250~375℃ 以及 400~550℃ 回火时，钢的冲击韧性反而比在较低温度回火时更低。这种工件淬火后在某些温度区间回火产生的脆化现象，称为回火脆性。钢在回火过程中可能发生两种回火脆性，即第一类回火脆性（又称不可逆回火脆性）和第二类回火脆性（又称可逆回火脆性）。广义上说，钢的回火脆性还应该包括各类钢回火时出现的其他脆性。

1. 第一类回火脆性

（1）第一类回火脆性的定义　工件淬火后在 250~375℃ 回火时出现的脆性称为第一类回火脆性或不可逆回火脆性。几乎所有淬火后形成马氏体组织的碳钢及合金钢，在这个温度区间内回火时都会或多或少地发生第一类回火脆性，且回火时间越长越明显。

第一类回火脆性不仅降低室温冲击韧性，还使韧脆转变温度升高，断裂韧度（K_{IC}）下降。如 Fe-0.28C-0.64Mn-4.82Mo 钢经 225℃ 回火后的 K_{IC} 为 117.4MN·m$^{-3/2}$，经 300℃ 回火后由于出现了第一类回火脆性，使 K_{IC} 降至 73.5MN·m$^{-3/2}$。出现第一类回火脆性时大多为沿晶断裂，但也有少数为穿晶解理断裂。当零件存在应力集中，承受的冲击或扭转载荷较大时，往往要求有较高的塑性和韧性与强度的配合，第一类回火脆性的出现将增大零件脆性开裂的危险性，因此是一种热处理缺陷。

（2）第一类回火脆性的特征　只要在此温度范围内回火，无论采用何种回火方法或回火后采用何种冷却速率，韧性的降低都不可避免；如果工件已经出现了第一类回火脆性，将其加热到更高温度回火可以使冲击韧性值重新升高，脆性会消失，此后再置于此脆化温度区间回火时，脆性也将不再产生，所以第一类回火脆性又称为不可逆回火脆性；回火后的冷却速率对这类回火脆性没有影响；在脆性出现的同时，不会影响塑性、强度和硬度等其他力学性能的变化规律。

（3）第一类回火脆性的产生机理　目前尚未完全清楚，主要有下列三种理论解释：

1）碳化物薄膜理论。这是目前最常用的理论，认为第一类回火脆性主要是马氏体分解时形成脆性很大的片状碳化物薄膜，其沿板条界、束界、群界或在片状马氏体的孪晶带和原奥氏体晶界上析出，这种薄片状的碳化物与马氏体间的结合较弱，降低了晶界的断裂韧度，成为裂纹扩展的便利通道。在较高的回火温度下，薄膜碳化物聚集长大和球化，脆化作用逐渐消失，钢的韧性又重新回升，再在 250~350℃ 下重复回火不会再次出现脆性特征。但这一理论无法解释某些钢在第一类回火脆性温度区间发生穿晶断裂现象。

2）杂质元素晶界偏聚理论。杂质元素 P、Sn、Sb、As 等偏聚于晶界，引起晶界弱化，进一步降低奥氏体晶界的强度，促进第一类回火脆性的发展，使第一类回火脆性的程度增大。在低中碳钢中，由于原奥氏体晶界在高温加热时溶有 N、C 和 O，低温回火时这些元素以化合物形式在晶界析出，也会使脆性增大。这一理论也无法解释某些钢发生第一类回火脆性时为穿晶断裂。

3) 残余奥氏体转变理论。第一类回火脆性出现的温度范围恰好与碳钢回火第二阶段残余奥氏体分解的温度范围一致，因而认为第一类回火脆性是残余奥氏体转变引起的。由于 Cr、Si 等元素能增加奥氏体的稳定性，提高残余奥氏体的分解温度，因此这一理论可以很好地解释 Cr、Si 等元素会将第一类回火脆性推向高温，以及残余奥氏体量增多会促进第一类回火脆性等现象。当回火温度超过 250℃ 后，在低碳马氏体中会析出细针状碳化物，还会在板条马氏体条界形成条片状的碳化物薄膜，这都促进第一类回火脆性的发生。但对于某些钢来说，第一类回火脆性与残余奥氏体转变并不完全对应，所以残余奥氏体转变理论并不能解释各种钢的回火脆性。

(4) 影响第一类回火脆性的因素　第一类回火脆性与钢的化学成分密切相关，实践证明，钢中碳含量越高，脆化的程度越严重。钢中其他合金元素按其作用分为三类：

1) 有害杂质元素，包括 S、P、As、Sn、Sb、Cu、N、H、O 等，将导致第一类回火脆性，不含这些杂质元素的高纯钢则没有或能减轻第一类回火脆性。

2) 促进第一类回火脆性的元素，包括 Mn、Si、Cr、Ni、V、C 等，它们会促进杂质元素在奥氏体晶界的偏聚，从而促进第一类回火脆性的发展。有的元素单独存在时影响不大，如 Ni，但当 Ni 与 Si 同时存在时则会促进第一类回火脆性的发展。部分合金元素还能将第一类回火脆性推向较高的温度，其中 Si、Cr、Mn 的作用较为显著，尤其是 Si。质量分数为 1.0%~1.5% 的 Si 可使钢的脆性产生温度提高到 300~320℃，质量分数为 1.0%~1.5% 的 Si 和质量分数为 1.5%~2.0% 的 Cr 可使钢的脆化温度进一步提高到 350~370℃。

3) 减弱第一类回火脆性的元素，包括 Mo、W、Ti、Al 等，它们能阻止杂质元素在奥氏体晶界的偏聚，减弱第一类回火脆性。其中以 Mo 的效果最显著。

除化学成分外，奥氏体晶粒的大小以及残余奥氏体量的多少也会影响第一类回火脆性。奥氏体晶粒越粗大，残余奥氏体量越多，第一类回火脆性越严重。

2. 第二类回火脆性

(1) 第二类回火脆性的定义　合金钢工件淬火后，在 400~550℃ 或更高温度回火后缓慢冷却所产生的脆性，称为第二类回火脆性或可逆回火脆性。第二类回火脆性主要发生在合金结构钢中，碳钢一般不出现这类脆性。当钢中含有 Cr、Mn、P、As、Sb 等元素时，第二类回火脆性增大。一般所说的回火脆性而未加特殊说明的，大多指第二类回火脆性。

(2) 第二类回火脆性的特征　第二类回火脆性的产生与回火后的冷却速率有关，冷却速率越慢，韧性降低越显著；第二类回火脆性的过程可逆。将已出现此类脆性的工件再次回火并快速冷却，则脆性消除，冲击韧性提高，恢复至韧化状态。但如果将韧化的工件重新在此温度回火时慢冷，则工件会再次脆化。因此，第二类回火脆性又称为可逆回火脆性；出现第二类回火脆性时，钢的冲击韧性降低，韧脆转变温度提高，断口呈沿晶断裂，但其他力学性能未降低，钢的密度、剩余磁化强度、磁矫顽力、电阻等也无明显变化。

(3) 第二类回火脆性的产生机理　目前尚不清楚，但广为认可的主要是杂质晶界偏聚理论。此理论认为，第二类回火脆性是由于合金元素和微量的杂质元素偏聚到原来的奥氏体晶界上，减弱了原奥氏体晶界上的原子间结合力，使钢脆性增大。近年来，随着俄歇谱仪以及电子探针等技术的应用，证明钢出现第二类回火脆性时，沿原始奥氏体晶界的极薄层内确实偏聚了某些合金元素（Cr、Ni 等）以及杂质元素（Sb、Sn、P 等），而且脆化程度随杂质元素在晶界上的偏聚程度增大而增大。由于这些元素的偏聚是一种平衡偏聚，在 370℃ 以下它们的活动性受到扩散的限制，在 565℃ 以上它们又会脱离引起脆性的区域，所以回火时快冷可抑制偏聚过程的进行，从而避免了第二类回火脆性的发生或已发生过脆化的也可得到消除。

(4) 影响第二类回火脆性的因素　钢的成分是影响第二类回火脆性的最根本因素，不含合金元素的碳钢便没有第二类回火脆性。可以按作用的不同大体将钢中的元素分为如下三种：

1）杂质元素，如 P、Sn、Sb、As、B、S 等。第二类回火脆性是由这些杂质元素引起的，但当钢中不含 Ni、Cr、Mn、Si 等合金元素时，杂质元素的存在也不会引起第二类回火脆性。

2）促进第二类回火脆性的合金元素，如 Ni、Cr、Mn、Si 等。这类元素与杂质元素的亲和力大于 Fe，其在向晶界偏聚时也促进杂质偏聚，因此含这类元素的合金钢对第二类回火脆性很敏感。但这些元素单独存在时也不会引起第二类回火脆性，必须有杂质元素同时存在时才能表现出促进作用。例如，不含上述杂质元素的高纯 Ni-Cr 钢就没有第二类回火脆性。

3）抑制第二类回火脆性的元素，如 Al、Mo、W、V、Ti 等。这类合金元素与杂质元素的亲和力更大，将在晶内与杂质元素形成稳定的化合物析出，从而避免杂质元素在晶界偏聚，对第二类回火脆性有抑制作用。其中 Al 的作用最为显著，W 次之。这类元素的加入量有一最佳值，超过或者低于最佳值都会导致抑制效果变差。如 Mo 的最佳加入量为 0.5% ~ 0.75%（质量分数）。由于 W 的抑制作用较 Mo 小，为达到同样的抑制效果，W 的加入量应为 Mo 的 2~3 倍。稀土元素 La、Nd、Pr 等也能扼制第二类回火脆性。

回火温度、回火时间及回火后的冷却速率对第二类回火脆性的影响很大。回火温度一定时，随回火时间延长，脆化程度增加。回火后的冷却速率越慢，脆化程度越大，迅速冷却可抑制或减弱脆性。

并非只有马氏体组织在回火过程中才产生第二类回火脆性，其他原始组织在第二类回火脆性区回火也会发生不同程度的回火脆性。对第二类回火脆性的敏感程度，以马氏体最大，贝氏体次之，珠光体最小。此外，原奥氏体晶粒度对第二类回火脆性也有明显的影响。奥氏体晶粒越细，钢的脆化程度越轻。

9.6.4　回火工艺的制定

淬火钢回火后的力学性能常以硬度来衡量。因为对不同种钢来说，在淬火后组织状态相同情况下，如果回火后的硬度相同，则其他力学性能指标（R_m、R_{eL}、Z、a_k）基本上也相同，而且生产上测量硬度又很方便，所以常以硬度来衡量碳钢的回火特性。

图 9-22 所示为回火温度和回火时间对 $w(C) = 0.98\%$ 的钢回火硬度的影响。由图可见，在回火初期，硬度下降很快，但回火时间增加至 1h 后，硬度下降趋于缓慢，因此淬火钢回火后的硬度主要取决

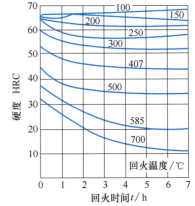

图 9-22　回火温度和回火时间对 $w(C) = 0.98\%$ 的钢回火硬度的影响

于回火温度。根据图 9-22 的规律，可以把回火温度和回火时间的综合影响用一个参数 M 表示

$$M = T(C + \lg \tau) \tag{9-2}$$

式中，T 为回火温度（K）；τ 为回火时间（s 或 h）；C 为与碳含量有关的常数。

一般合金钢的回火特性和碳钢基本类似，但对于含有 W、Mo、Cr、V 合金元素的淬火钢，由于存在二次硬化现象，随着回火温度的升高，其硬度不下降反而升高，回火特性明显不同于一般碳钢和合金钢，此时不能简单地用 M 参数来表征回火程度。

1. 回火温度的选择

回火温度应根据工件材料和技术要求，按照钢的回火温度与性能的关系来确定。表 9-8 是常用钢回火温度与硬度的关系。

表 9-8　常用钢回火温度与硬度的关系

回火硬度 HRC	不同牌号钢回火温度/℃									
	45、40Cr	T8~T12	65Mn	GCr15	9SiCr	5CrMnMo	5CrNiMo	3Cr2W8V	Cr12 型
18~22	600~620	620~650	—	—	660~680	—	—	—	—
22~28	540~580	590~620	—	600	600~640	—	—	—	760
28~32	500~540	530~590	—	570~590	560~600	—	—	—	720~750
32~36	450~500	490~520	—	520~540	520~560	520~540	—	—	680~700
36~40	380~420	440~480	440~460	500~520	460~500	460~500	560~580	—	660~680
40~44	340~380	390~430	380~420	470~490	440~480	420~440	500~540	620~640	620~640
44~48	320~340	370~390	360~380	400~430	400~420	400~420	440~470	590~600	600~620
48~52	280~300	330~370	320~340	340~360	350~380	340~380	400~440	570~590	560~580
52~56	220~260	290~330	280~320	300~340	310~350	230~280	340~380	—	420~520
56~60	180~200	240~290	240~280	230~300	250~310	—	230~280	—	300~320
60~64	—	160~200	200~220	160~200	180~220	—	—	—	180~220

回火温度的确定还应结合淬火工件特性、要求及现场生产情况，具体考虑以下几个方面：

1）采用强烈的淬火冷却介质（如盐水、碱水等）淬火时，淬火后工件硬度较高，回火温度应取上限，可适当提高工件的韧性以获得良好的综合性能。分级或等温淬火的工件淬火后硬度相对较低，回火温度可取下限。

2）采用油冷淬火时，若工件出炉温度较高，尤其是大件，回火温度取下限。因为工件淬火后表面未达到最高硬度，心部更是如此，且工件容易产生自回火现象。所谓自回火，即表面层淬火后，其心部仍然有 600~700℃ 的余温，余温传递到淬火后的表面层，就是一个自回火过程。

3）装箱工件回火时，考虑到实际工件的温度会略低于装箱的表面温度，因此回火温度取上限，甚至更高些。不装箱工件回火时，温度可取下限。

4）用箱式炉回火时，箱式电阻炉温度波动大，难以保证均温区处理温度的准确性，回火温度尽量取上限。用盐浴炉回火时，盐浴炉加热速度快，温度相对均匀，回火温度可取下限。

5）当合金工具钢、渗碳件和高碳钢淬火后硬度超过56HRC，或中碳钢淬火后硬度超过45HRC时，可按正常温度回火。若低于上述硬度，回火温度应取低一些，有利于获得更高的工件硬度。

2. 回火时间的确定

回火时间应包括按工件截面均匀达到回火温度所需的加热时间，以及按 M 参数达到要求回火硬度完成组织转变所需的时间，如果考虑内应力的消除，则还应考虑不同回火温度下应力弛豫所需要的时间。

加热至回火温度所需的时间可按回火参数 M 的计算公式（9-2）进行计算。

对达到所要求的硬度需要的回火时间，不同钢种有不同的计算公式。例如，50钢回火后硬度与回火温度及时间的关系为

$$HRC = 75 - 7.5 \times 10^{-3} \times (\lg\tau + 11) T \tag{9-3}$$

40CrNiMo钢回火后硬度与回火温度及时间的关系为

$$HRC = 60 - 4 \times 10^{-3} \times (\lg\tau + 11) T \tag{9-4}$$

式中，HRC为回火后所达到的硬度值；τ为回火时间（h）；T为回火温度（℃）。

若仅考虑加热及组织转变所需的时间，则常用钢的回火保温时间可参考表9-9确定。对以应力弛豫为主的低温回火，回火时间应比表9-9中所列数据长，长的可达几十小时。对二次硬化型高合金钢，其回火时间应根据碳化物转变过程通过试验确定。当含有较多残余奥氏体，靠二次淬火消除时，还应确定回火次数。例如，为了使残余奥氏体充分转变成马氏体及消除残余应力，W18Cr4V高速钢除了按二次硬化最佳温度回火外，还需进行三次回火。

表9-9 回火保温时间参考

	低温回火（150~250℃）						
有效厚度/mm		<25	25~50	50~75	75~100	100~125	125~150
保温时间/min		30~60	60~120	120~180	180~240	240~270	270~300
	中、高温回火（250~650℃）						
有效厚度/mm		<25	25~50	50~75	75~100	100~125	125~150
保温时间/min	盐炉	20~30	30~45	45~60	75~90	90~120	120~150
	空气炉	40~60	70~90	100~120	150~180	180~210	210~240

3. 回火冷却方式

回火后工件一般在空气中冷却。对于一些工模具，回火后不允许水冷，以防开裂。对于具有第二类回火脆性的钢件，回火后应进行油冷，以抑制回火脆性。对于性能要求较高的工件，在防止开裂前提下，可进行油冷或水冷，然后进行一次低温补充回火，以消除快冷产生的内应力。

9.7 淬火工艺的新发展

为了充分发挥材料的潜力，在满足各类机器零件日益提高的性能要求的前提下，还要满足高效、节能、环保等方面日益苛刻的要求，热处理工作者不断探索具有更高强韧化效果的

淬火新途径，开发出一系列新的淬火工艺与技术。

9.7.1 奥氏体晶粒的超细化处理

一般把钢的晶粒度细化到 10 级以上的处理方法称为"晶粒超细化"处理。经超细化处理后再淬火，可明显提高钢的强韧性，显著降低钢的韧脆转化温度。目前，获得超细化奥氏体晶粒的方法主要有两种。

1. 超快速加热法

超快速加热法是采用具有超快速加热的能源来实现的，如大功率电脉冲感应加热、电子束加热和激光加热皆属此类。采用这种方法可使工件表面或局部获得超细化的奥氏体晶粒，淬火后硬度和耐磨性显著提高。

2. 快速循环加热淬火法

这种加热淬火法的过程如图 9-23 所示。首先将工件快速加热到 Ac_3 以上，经短时间保温后，迅速冷却，如此循环多次。由于每加热一次，奥氏体晶粒就被细化一次，所以经 4 次循环后，可使 45 钢的晶粒度从 6 级细化到 12 级，这种方法对其他所有能淬硬的钢均可使用。一般来说，原始组织中的碳化物越细小，加热速度越快，最高加热温度越低（在合理的限度内）时，晶粒细化效果越好。当然，对于尺寸较大的工件，要使整体都快速加热和冷却是困难的。

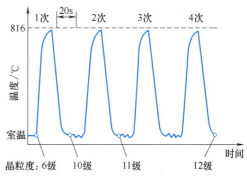

图 9-23　45 钢快速循环加热淬火工艺过程

9.7.2 碳化物的超细化处理

细化碳化物并使之均匀分布是改善高碳钢强韧性的一个有效途径。高碳工具钢在最终热处理状态下的碳化物尺寸、形态和分布在很大程度上受其原始组织的影响，所以往往把使碳化物超细化而获得适当原始组织的预备热处理与最终热处理看成是一个不可分割的整体，但实际上最终热处理工艺一般变化不大，大都为淬火及低温回火，而预备热处理工艺却变化多样。但预备热处理都有一个共同特点，即首先进行高温固溶加热，使毛坯组织中的碳化物全部溶解，然后采取不同的工艺方法得到细小均匀分布的碳化物。

1. 高温固溶化淬火+高温回火（即高温调质处理）

高温固溶化淬火不仅可以抑制先共析碳化物的析出，而且淬火得到的马氏体和残余奥氏体组织经高温回火后，可得到球状的碳化物，并呈均匀弥散分布。例如，Cr12MoV 钢模具经 1100℃×40min 加热油冷至室温，再经 690℃×0.5h+750℃×2.5h 炉冷到 500℃后空冷至室温，最后进行 980℃淬火+240℃回火，最终硬度为 62.6HRC，模具使用寿命大幅度提高。又如，T8 钢冲头以调质处理（800℃加热，水淬油冷，560℃回火 2h）代替球化退火，再经低温淬火（750℃加热，水淬油冷）+(280～300)℃回火后，可消除大块崩刃现象，提高韧性和耐磨性，使寿命提高 10 倍。

2. 高温固溶化+等温处理

高碳钢经高温固溶化淬火处理易引起开裂，为此开发了"高温固溶化+等温处理"方法